传统民居建筑装饰艺术探析

李　莉　　杜昪卉　　廖建双

北京工艺美术出版社

图书在版编目（CIP）数据

传统民居建筑装饰艺术探析/李莉，杜异卉，廖建
双著.－－北京：北京工艺美术出版社,2023.10
　　ISBN 978-7-5140-2735-8

　　I.①传… Ⅱ.①李…②杜…③廖… Ⅲ.①民居－建
筑装饰－研究－中国 Ⅳ.①TU241.5

中国国家版本馆CIP数据核字（2023）第201983号

出 版 人：夏中南
策 划 人：王 晶
责任编辑：周 晖
装帧设计：郭洪英
责任印制：王 卓

法律顾问：北京恒理律师事务所 丁玲 张馨瑜

传统民居建筑装饰艺术探析
CHUANTONG MINJU JIANZHU ZHUANGSHI YISHU TANXI

李莉 杜异卉 廖建双 著

出 版	北京工艺美术出版社
发 行	北京美联京工图书有限公司
地 址	北京市西城区北三环中路6号京版大厦B座702室
邮 编	100120
电 话	(010) 58572763 (总编室)
	(010) 58572878 (编辑室)
	(010) 64280045 (发 行)
传 真	(010) 64280045/58572763
网 址	www.gmcbs.cn
经 销	全国新华书店
印 刷	旭辉印务（天津）有限公司
开 本	787毫米×1092毫米 1/16
印 张	12
字 数	260千字
版 次	2023年10月第1版
印 次	2024年4月第1次印刷
印 数	1~2000
定 价	78.00元

前　言

中国传统民居建筑作为文化、历史、艺术、技术的承载者，是中华民族传统文化的构成因素，是人与自然完美结合的艺术品，是见证历史更迭、文化发展的"活化石"，是我国宝贵的文化遗产和艺术瑰宝。传统民居作为社会意识下不断更新的物质文化遗产，失而不可复得，它具有不可替代性及不可再生性。对于传统民居的保护，是因为诸如此类的历史建筑，它们的价值在于其历史真实性和文化性。而要对其传承的原因不仅仅是因为传统民居是集技术与艺术于一体的物质实体，更重要的是其自身所蕴含的文化内涵和历史文脉。

中国各民族分布广泛，气候、海拔、地形等自然因素迥异，民居形式多样，仅粗略统计就有40余种。自然、民俗、住居观念等因素是各民族建筑特色和风格形成的主要原因，其建筑形式是各民族生存智慧的艺术结晶。

传统民居建筑室内外各界面的装饰装修，承载着文明古国丰厚的文化。例如，民居建筑装饰中的吉祥纹样、戏曲故事等，都已作为一种传统文化的传承方式，被继承和发扬，并大量运用在当代室内外装饰之中，尤其在传统装饰风格的室内空间表现得更为淋漓尽致。在建筑装饰业不断发展的今天，丰富多彩的各地民居建筑装饰形式，为建筑设计师们提供了大量的设计素材，如何将传统文化和传统符号更好地应用于现代设计中，是值得我们思考的问题。

中国传统民居建筑承载着中华文明丰厚的历史积淀，民居建筑装饰丰富多彩的形式和精巧的工艺展示着中华民族的文化底蕴与民族智慧，是现代建筑设计取之不竭的灵感之源。因此我们在对传统民居进行保护的基础上，应深入研究其装饰的艺术特征，并汲取民族传统文化的丰富营养。本书从传统民居的概念及发展概要谈起，对传统民居形态与自然环境的相适应及与文化环境的关系进行梳理与分析，并对传统民居建筑装饰的载体类型、题材与表现手法、装饰图形及其传播等相关内容进行分析与总结，以期帮助读者了解中国传统民居建筑装饰的艺术价值，并敦促有识之士将其中的传统文化符号发扬光大。

在撰写过程中，作者借鉴了许多相关的研究成果，参阅了大量的文献资料，引用了一些同仁前辈的研究成果，因篇幅有限，不能一一列举，在此对提供上述材料的作者表示最诚挚的感谢。由于作者水平有限，书中难免会出现不足之处，希望各位读者和专家能够提出宝贵意见，以待进一步修改，使之更加完善。

目　录

第一章　中国传统民居概念及发展概要 …………………………………… 1

　第一节　中国传统民居常见构件及形式特征 ……………………………… 1

　第二节　中国传统民居的结构形式 ………………………………………… 9

　第三节　中国传统民居的选址与规划 …………………………………… 14

　第四节　中国传统民居的布局特点 ……………………………………… 19

第二章　中国传统民居形态与自然环境的适应 ………………………… 34

　第一节　中国传统民居形态与气候环境的适应 ………………………… 34

　第二节　中国传统民居形态与地形环境的适应 ………………………… 38

　第三节　中国传统民居形态与地方材料的结合 ………………………… 48

第三章　中国传统民居形态与文化环境的关系 ………………………… 62

　第一节　中国传统民居形态的文化环境概述 …………………………… 62

　第二节　中国传统民居形态的物质文化要素 …………………………… 66

　第三节　中国传统民居形态的制度文化要素 …………………………… 72

　第四节　中国传统民居形态的心理文化要素 …………………………… 79

第四章　中国传统民居建筑装饰的载体类型 …………………………… 83

　第一节　中国按艺术手法分类 …………………………………………… 83

　第二节　中国按功能结构分类 …………………………………………… 95

第五章　中国传统民居建筑装饰的题材与表现手法 ………………… 108

　第一节　中国传统民居建筑装饰的题材 ……………………………… 108

　第二节　中国传统民居建筑装饰的艺术分析 ………………………… 113

第六章　中国传统民居装饰图形及其传播 …………………………… 121

　第一节　中国传统民居装饰图形文化信息的内涵特质 ……………… 121

　第二节　中国传统民居装饰图形的艺术符号系统 …………………… 131

　第三节　中国传统民居装饰图形及其传播的现代实践 ……………… 143

第七章　中国传统民居建筑装饰的文化传递与美学表现 …………… 148

　第一节　中国传统民居建筑与装饰的文化传递 ……………………… 148

第二节　中国传统民居美学表现与艺术特征 ·························· 155

第八章　中国传统民居室内装饰与陈设 ························· 161

第一节　传统民居室内的类型与环境 ····························· 161

第二节　家具、灯烛与室内陈设 ······························· 165

第三节　高雅艺术与室内陈设 ································ 169

第四节　民间艺术与室内陈设 ································ 176

参考文献 ·· 182

第一章　中国传统民居概念及发展概要

第一节　中国传统民居常见构件及形式特征

一、中国民居概念

中国民居是一个相对概念，它是相对于官式宅邸及皇家建筑而言。在古代社会，随着私有制的产生，阶级的出现，生活在社会中的人类开始被划分等级，便有了"权贵"和"庶民"的等级观念，这种等级观念的产生使得建筑也被等级化，成为地位和等级的象征。所以，统治阶级的君主居住于皇家宫室，而被统治阶级的庶民便居住在较简陋的住所中。中国开始有"民居"的称谓开始于夏朝，它是相对于宫廷建筑而言，是普通庶民居住的场所，并集中反映了居民的生活习俗、地域风格、民族特色及生产方式、家庭结构，以及社会政治、经济、文化发展状况。

二、中国传统民居常见构件及形式

（一）柱的结构

柱是建筑物中直立的起支撑作用的条形构件。中国古民居中柱子主要由柱身和柱础组成。由于柱子在建筑中所处的部位不同，因此，古代匠师们赋予它不同的名称。木、石是柱子的主要用材。

①柱身：柱的主体，位于柱础之上，用以支承梁、桁架、楼板等。

②柱础：古代建筑构件的一种，又称磉盘或柱础石。它是承受屋柱压力的垫基石。古代人为使落地屋柱不潮湿腐烂，在柱脚上添上一块石墩，就使柱脚与地坪隔离，使柱脚起到较好的防潮作用。

③檐柱：建筑物檐下最外一列支撑屋檐的柱子，也叫外柱。用以支承屋面出檐的柱子称为擎檐柱。柱子断面有圆、方之分，通常为方形，柱径较小。

④金柱：亦称老檐柱，在檐柱以里，位于建筑内侧。多用于带外廊的建筑。进深较大的房屋依位置不同通常有外围金柱和里内金柱之分。

⑤瓜柱：梁柱中两层梁间的短柱和支承脊檩的短柱。

⑥垂花柱：一种垂吊式短柱。在木结构房屋中，木柱子都应该是立在地面或者梁枋上承受重量的，但是也有一种柱子既不立在地面又不立在梁枋上而是悬吊在半空中，这就是垂花柱。

（二）梁枋

梁枋是用于支撑房屋顶部结构的结实横木。梁是架设在立柱上的横向水平构件，它承受上部构件的重量，并通过立柱传至地面。枋是尺寸比较小的梁，其功能与梁相同。

在清代木建筑构架中，往往把与房屋正面垂直方向的称为梁，平行方向的称为枋，但有时又不做严格的区分，所以一般都把这种构件统称为梁枋。

①月梁：在木结构建筑中，多做平直的梁。但在一些民居中，则将梁稍加弯曲，外观秀巧，形如月亮，故称之为月梁。

②元宝梁：一种短梁，形如元宝，故得此名。

③穿：是"穿斗式"建筑构架中联络两柱的辅助构件。因为两根立柱之间主要靠水平的梁枋联结，穿只在梁枋之外起辅助作用，所以它的尺寸自然比梁枋小。穿的外形和梁枋一样，有时被加工成月梁形，在一些地方的寺庙、住宅里还可以见到外形更复杂的穿。

（三）檩

檩亦称为桁、桁条、檩子、檩条，是建筑物中的水平结构件，平行于建筑物的正面，垂直于梁，是房子的主要构件之一。

（四）椽

椽亦称"椽子"，指装于屋顶以支持屋顶盖材料的木杆，它是屋顶基层的最底层构件，垂直安放在檩条之上。

（五）瓦

瓦是铺屋顶用的建筑材料，一般用泥土烧成，形状有拱形的、平的或半个圆筒形的，等等。

（六）斗拱

在立柱顶和横梁（或额枋、檐檩）交接处，从柱顶上的一层层探出呈弓形的承重结构叫拱，拱与拱之间垫的方形木块叫斗，两者合称斗拱。一般用以承托伸出的屋檐。

斗拱是中国建筑中特有的构件，也是中国古代木构建筑中最有特点的部分。明朝以前，斗拱主要是作为结构件存在，明朝以后，斗拱逐渐向装饰性作用转变，清朝时，基本只作为装饰件了，并且只有宫殿、庙宇等建筑还在使用。

（七）撑拱与牛腿

①撑拱。撑拱是在檐柱外侧用以支撑挑檐檩或挑檐枋的斜撑构件，用来承托屋檐，其作用和斗拱相似。由于斗拱制作和安装很费工、费时，加之古时规制所限，所以民居中一般用撑拱来代替斗拱，既省工省料，又不逾制，充分体现了民间匠师的智慧。

②牛腿。牛腿和撑拱作用相似，因其侧面造型较之斗拱阔大，极似马和牛的大腿，所以民间称之为牛腿或马腿。

（八）雀替、梁托、花牙子

①雀替。雀替是中国古建筑的特色构件之一。宋代称为"角替"，清代称为"雀替"，又称为"插角"或"托木"。通常被置于建筑的横材（梁、枋）与竖材（柱）相交处，它自柱内伸出，承托梁枋两头，能起到减小梁枋跨度和梁柱相接处剪力的作用，同时还能防止立柱与横梁垂直相交的倾斜变形。早期建筑上的雀替是一条替木，扁而长，跨在柱头的开槽内，从两头承托左右的梁枕，其长度几乎占梁枋跨度的三分之一。到明清时期，建筑上的雀替形式由扁而长变成高而短了，而且也不是一整条长替木放在柱头内，而是左右各用一块替木。

②梁托。梁托作用和雀替相似。它们位于梁枋的两头，从柱中挑伸出来，在结构上有托住梁枋的作用。由于梁枋的高低错落，这时的梁托往往不能对称地处在柱子两侧水平面上，而且形状与大小也并不相同，所以为了与雀替相区别，将它们称为梁托。梁托的形状多呈四分之一圆形，两个侧面上附有木雕装饰，紧贴于梁柱交接处，与弯曲的月梁浑然一体，增添了室内外梁架的整体装饰效果。

③花牙子。在一些园林中的游览性建筑例如亭、榭、廊上，与雀替相同的位置有一种类似雀替的构件，名为花牙子。它的外形与雀替近似，却由木棂条形成透空

花纹，是一种纯属装饰性的构件。

（九）挂落

挂落是挂在室外梁枋之下，柱子两侧的一种装饰，由连续性木雕或木槌雕花组成，形如室内的花罩。

（十）花罩、炕罩

①花罩：是对室内做半分隔的装修构件，它依附于室内梁柱存在。一般采用木质透雕的手法，使室内空间隔而不断，并极富装饰性。

②炕罩：指木床前沿的花罩，用来增加睡眠空间的私密度。

（十一）截间板帐

古代民居中用来分割空间的木制板壁，宋代称"截间板帐"，其作用和墙体类似。

（十二）正脊、垂脊、正吻

①正脊，又叫大脊、平脊，位于屋顶前后两坡相交处，是屋顶最高处的水平屋脊，正脊两端有吻兽或望兽。

②垂脊是中国古代屋顶的一种屋脊。在两面坡屋顶、歇山顶、庑殿顶的建筑上自正脊两端沿着前后坡向下，在攒尖顶中自宝顶至屋檐转角处。

③正吻，也称"吻""大吻"，是中国传统建筑屋顶的正脊两端的装饰构件，为龙头形，龙口大开咬住正脊。

（十三）开间、面阔、进深

①开间（面阔）：木构建筑正面两檐柱间的水平距离，各开间之和为"通面阔"，中间一间为"明间"，左右侧为"次间"，再外为"梢间"，最外的称为"尽间"。

②进深指建筑物纵深各间的长度。在建筑学上是指一间独立的房屋或一幢居住建筑从前墙壁到后墙壁之间的实际长度。

（十四）山墙形制

山墙，俗称外横墙。沿建筑物短轴方向布置的墙叫横墙，建筑物两端的横向外墙一般称为山墙。因墙的上端与前后屋顶间的斜坡，形成一个三角形，似古体"山"

字，故称"山墙"。古代建筑一般都有山墙，它的作用主要是与邻居的住宅隔开和防火，在有些民居中，山墙也具有承重的作用。山墙主要有以下几种形制。

1. 人字形山墙

人字形山墙是最为典型的山墙形式，由于其正立面形似"人"字，故名人字形山墙。人字形山墙比较简洁实用，修造成本也不高，民间多采用。

2. 锅耳形山墙

锅耳形山墙，其正立面形似锅耳，故得此名。此墙顶线为流动的曲线，线条优美，在岭南地区民居中十分流行。按照民间的说法，它是仿照古代的官帽形状修建的，取意"前程远大"。锅耳墙不但大量用在祠堂庙宇的山墙上，一般百姓的住宅也常运用。

3. 马头墙

马头墙又称风火墙、封火墙等，因形状酷似马头，故称马头墙。马头墙是汉族传统民居建筑流派中赣派建筑、徽派建筑的重要特色。

（十五）大门

门是建筑物（或区域）与外界的出入口，内外空间的连接点，具有防卫和界定空间的双重作用，是建筑物（或区域）的重要构件。其作为出入口的门户，被中国人称为"门面""门脸"，这说明了人们对于门的关注和看重，千百年来被中国人赋予了特殊的文化意义。

门是民居的脸面，有财势的人家将大门修建得华丽突出，即使一般人家，也很讲究大门的装饰。因此，中国民居的大门内容丰富，变化多端。

中国的门可以分为两大系统，一类是划分区域的门，另一类是作为建筑物自身的一个组成部分的门。

划分区域的门多以单体建筑的形式出现，包括城门、台门、屋宇式大门、门楼、垂花门、牌坊门等。而作为建筑自身的门则是建筑的一个构件，如实榻门、棋盘门、屏门、格扇门等。

1. 划分区域的门

（1）屋宇式（独立式）大门

独立的屋宇式大门是一种高规格的区域性大门，门体建筑无论是造型或者是功能都具有高度独立性和完整性。一般只能用于重要区域的南面正门。因其规格较高，所以大多用于皇宫、寺庙等地。屋宇式大门大多呈多开间的门殿形式，前后檐完全敞开，门面开阔气派，如故宫的太和门、乾清门、宁寿门等。

（2）门塾式大门（塾式大门）

门塾式大门，一般是指将院落临街排房（倒座房）的中央开间（或东开间）作为门，而两侧（或一侧）仍作为房间使用的大门形式。这种门之所以被称为"塾式大门"，是因其两侧（或一侧）的房间在早期时叫作"塾"。

在我国古代，门的造型、装饰和开间数量关系到尊卑等级，是身份地位的象征，所以，在许多朝代对门的建造规格都制定了一套极为严格的制度予以规范。一般来说，公主、王府大门可以用三到五开间，一般官员住宅及普通百姓住宅的大门只有单开间，并且多是门塾式大门。并且，就单开间大门来说，也是有不同等级的。例如，北京四合院中的广亮大门、金柱大门、如意门等，代表了这种单开间大门的不同等级。

（3）墙门

墙门，即在墙面上开设的大门，它是屋宇式和门塾式大门之外，另一种划分领域的门。墙门可大致分为门楼、随墙门、门洞等几种。

这种门的做法比较简便，等级也较低。墙门虽没有了屋宇式大门的隆重，但经济实用，形式也较为自由灵活，丰富多彩。

（4）垂花门

垂花门是一种划分区域的门，它是内宅与外宅（前院）的分界线和唯一通道。因其檐柱为垂花柱，故称垂花门。它在北京四合院中比较常见，是四合院中一道很讲究的门，极富观赏性。

（5）屏门

屏门是一种作用和造型都类似屏风的门，故称屏门。一般附于垂花门（或塾式大门）的后檐柱、室内明间后金柱间、大门后檐柱、庭院内的随墙门上，以四扇屏门居多，也有更多的由双数组成的屏门。

屏门起着遮挡内部庭院的作用，只有家中办大事时才开启，平时人们只有在进大门后绕过屏门才能进入庭院。

（6）牌坊

牌坊是中国古代一种门洞式的建筑，其作用主要是人口标示、行进导向、划分空间、点缀景观。其内容多为表彰功德、科第、德政以及忠孝节义，如功德牌坊、节孝牌坊等。

2. 建筑自身的门

（1）隔扇门

隔扇门，也称格扇门，一般指安装于建筑的金柱或檐柱间带格心的门（在有些大型民居内部，也有用隔扇门）。隔扇门轻便、通透、装饰性强。整排使用，根据建筑物开间的尺寸大小，一般每间可安装四扇、六扇或八扇隔扇。隔扇主要由隔心、绦环板、裙板三部分组成，用于分隔室内外或室内空间。

（2）实榻门

实榻门的门扇以拼合厚木板构成而成；门扇里面有门闩，以便从院内关闭门户，保障安全；门扇外面有包页、铺首、门钉等金属饰件，既可加固门又有装饰美感。民居中常作为小型院落的外门、屏门或居室门。实榻门不光用于建筑自身，在划分区域的门中也常用，如独立式、塾式大门等。

（3）趟栊门

趟栊门是古老的"防盗门"，在广州西关大屋常用。这种大门由三道门构成：第一道是矮脚吊扇门，像两面窗扇，有屏蔽路人视线的作用；第二道门是趟栊门，是由木桟条组成的方木框，中间横架着十几根圆木，可以左右推拉；第三道门是实榻门，由厚木板拼接而成。岭南地区天气炎热潮湿，住宅讲究通风透气，矮脚吊扇门和趟栊门正是起到这种作用，白天家里有人时，通常只关这两道门。

（十六）窗式

窗是装设在房屋（建筑）顶上或壁上用以透光、通风或观望的口子。一般来说，附属于房屋外墙上的窗有隔声、保温、隔热和装饰等作用，大多安装窗扇；而设于宅院围墙上的窗，大多不设窗扇，以漏窗和空窗居多。

中国民居的窗式到明清时期最为丰富和成熟，且实物留存较多。现存的民居中窗子的形式很多，南北各地的遗存非常丰富多彩，主要形式有长窗、槛窗、支摘窗、直棂窗、空窗和漏窗等。

1. 长窗

长窗即是隔扇门，用在江南园林或民居建筑时称为长窗。

2. 槛窗

槛窗，亦称"半窗"，是一种形制较高级的平推窗，位于殿堂门两侧各间的槛墙上，其窗扇上下有转轴，可以向里、向外开合。

槛窗实际上是一种隔扇窗，它省略了隔扇门的裙板部分，而保留了其上段的隔心与绦环板部分。槛窗与隔扇门连用，位于隔扇门的两侧，二者的色彩、棂格花形等保持同一形式，艺术效果统一、规整。

皇家建筑上的窗子大多为槛窗形式，而在民居建筑中，一些较大型的住宅和寺庙、祠堂等也多有运用。

我国南方的民居建筑比北方地区更多地采用槛窗形式。这主要是因为它是由通透的花式棂格组成，便于通风。不过，南方民居中的"槛墙"有些不是用砖砌成，而多用木质材料。

3. 支摘窗

支摘窗亦称和合窗，是一种可以支起、摘下的窗子。在我国北方，支摘窗常分内外两层，上下两排，内层固定可以安装窗纱或糊窗户纸，外层可以支摘，上排的支窗可支起来便于通风，下排的摘窗可摘下，使用方便。南方则常常为单层支摘窗。并且，在南方的园林建筑中，支摘窗有时采用上下多排的形式。

支摘窗广泛用于南北各地汉族民居建筑中。在一些次要的宫殿建筑中也有所使用。

4. 直棂窗

直棂窗是用直棂条在窗框内竖向排列有如栅栏的窗子，是一种比较古老的窗式。

5. 空窗

空窗是指没有窗棂只有窗洞的窗式。多用于园林的园墙，营造框景的艺术效果。可单独设置，但常常是多个空窗沿着园墙横向设置，以达到步移景异的景观效果。

空窗作为框景的"景框"，其造型极富变化，千姿百态，极大地提高了民居的艺术内涵。

6. 漏窗

漏窗一般是指有窗棂但不能开启的窗子。漏窗，俗称花墙头、花墙洞、漏花窗、花窗，是一种极具装饰性透空窗，其窗棂造型灵活多样，装饰着各种镂空图案，供人欣赏，同时，透过漏窗图可隐约看到窗外景物，使内外空间隔而不断。漏窗是中国园林中独特的建筑形式，也是构成园林景观的一种建筑艺术处理工艺，通常作为园墙上的装饰小品，多在走廊上成排出现，江南宅园中应用很多。窗框形式有方、横长、直长、圆、六角、扇形及其他各种不规则形状，不胜枚举。

第二节 中国传统民居的结构形式

一、中国传统民居常见结构形式

(一) 抬梁式

抬梁式也称叠梁式，是在立柱上架梁，梁上放短柱，短柱上再放短梁，层层叠落直至屋脊，各个梁头上再架檩条以承托屋椽的形式。抬梁式的特点是柱子较粗，结构复杂，要求加工细致，但结实牢固、经久耐用，且内部有较大的使用空间，同时还可做出美观的造型、宏伟的气势。所以在宫殿、庙宇、寺院等大型建筑中普遍采用，更为皇家建筑群所选，是我国木构架建筑的代表。

(二) 穿斗式

穿斗式又称立贴式，是我国古代三大构架结构建筑之一。穿斗式构架的特点是柱子较细且密，每根柱子上顶一根檩条，柱与柱之间用木串接，连成一个整体。因柱子较细，造价低廉，因此普通百姓多采用此种构架形式，在我国南方长江中下游各省，保留了大量明清时代穿斗式构架的民居。不过因为柱、枋较多，室内不能形成连通的大空间。

(三) 干阑式

干阑式是先用柱子在底层做一高架，架上放梁、铺板，再于其上建房子。这种结构的房屋高出地面，可以避免地面湿气的侵入。它是原始社会巢居形式的演化。干阑式多用于我国南方多雨地区和云南、贵州等少数民族地区，具有通风、防潮、防兽等优点，对于气候炎热、潮湿多雨的中国西南部亚热带地区非常适用。应用干阑式民居的有傣族、壮族、侗族、苗族、黎族、景颇族、德昂族、布依族等少数民族。

(四) 井干式

井干式是一种不用立柱和大梁的房屋结构。这种结构以圆木或矩形、六角形木料平行向上层层叠置，嵌接成框状墙壁，上面的屋顶也用原木做成。

井干式结构需用大量木材，因此，不如上面三种形式普及。目前只在我国东北林区、西南山区尚有个别使用这种结构建造的房屋。

（五）木构架庭院式

中国传统住宅的最主要形式，其数量多，分布广，为汉族、满族、白族等族大部分人及其他少数民族中的一部分人使用。这种住宅以木构架房屋为主，在南北向的主轴线上建正厅或正房，正房前面左右对峙建东西厢房。由这种一正两厢组成院子，即通常所说的"四合院""三合院"。长辈住正房，晚辈住厢房，妇女住内院，来客和男仆住外院，这种分配符合中国传统社会家庭生活中要区别尊卑、长幼、内外的礼法要求。这种形式的住宅遍布全国城镇乡村，但因各地区的自然条件和生活方式的不同而各具特点。其中四合院以北京的四合院为代表，形成了独具特色的建筑风格。

（六）四水归堂式

中国南部江南地区的住宅名称很多，平面布局同北方的"四合院"大体一致，只是院子较小，称为天井，仅作排水和采光之用（"四水归堂"为当地俗称，意为各屋面内侧坡的雨水都流入天井）。这种住宅第一进院，正房常为大厅，院子略开阔，厅多敞口，与天井内外连通。后面几进院的房子多为楼房，天井更深、更小些。屋顶铺小青瓦，室内多以石板铺地，以适合江南温湿的气候。江南水乡住宅往往临水而建，前门通巷，后门临水，每家自有码头，供洗濯、汲水和上下船之用。

（七）三间两廊式

广东民居镬耳屋的内部格局是典型的"三间两廊"的结构。"三间"指的是排成一列的三间房屋，其中间为厅堂，两侧为居室。三间房屋前为天井。天井两侧的房屋即为"廊"。"两廊"一般用作厨房或门房。这种廊檐相间的布局，刻意营造虚实相结合的意境，不但较于闭塞自封的北地建筑更显开放，而且还拧开了一道实用的阀门：一方面便于空气流通、消暑散热；另一方面靠着廊庑连接了建筑的骨骼，起到隔绝风雨、遮挡阳光的作用。当然，有的镬耳屋的间数不止如此。开间越多意味着等级越高，这自然与先民的等级观念相关。

（八）福建土楼

土楼民居是中国重要的传统民居种类之一，主要集中在福建省一带，所以，我们通常在说到土楼时都称其为福建土楼。福建土楼根据产生年代和平面形式的不同，可分为五凤楼、方形土楼、圆形土楼三种。

1. 五凤楼

五凤楼式的土楼，主要集中在福建永定县境内。五凤楼最标准的平面形式是三堂两横。三堂两横式五凤楼的主体建筑是三堂，即下堂、中堂、主楼，这三部分沿着整个建筑的中轴线由前至后布置，其间有天井隔开。

三堂中的下堂是门厅；中堂是聚会大厅，是家族议事或举行各种聚会的地方；下堂与中堂都是单层建筑，而主楼则大多为三至五层。主楼底层正中是祖堂，是供奉家族祖先牌位的地方，祖堂的左右房间和上面的各个房间都是家族成员的居室。三堂之间为天井院，三堂两侧均有厢厅，并有通道可达与中轴线平行的长形屋子，也就是横屋。横屋也是家族成员的居室，并从前至后排列，高度呈逐渐递增之势，最后一幢横楼的高度几乎与主楼相同。这样的横屋就像是展开的大鸟翅膀，与重心建筑主楼相结合，俯瞰其气势如一只展翅欲飞的凤凰，所以称之为五凤楼。

2. 方形土楼

方形土楼的早期屋顶还保留了一些五凤楼的特点，如屋顶层层叠落，前低后高。后来，方形土楼的建筑就越来越简单，最终形成了下部墙体四四方方、上部屋顶四角相连的模式，所以又称四角楼。

方形土楼的造型繁多。有正方形平面，有长方形平面；屋顶有四面围合的，有两侧带歇山的；有前面一排横屋顶低于后面一排横屋顶、两侧屋顶前低后高、层层叠落的；有些方形土楼前面再建前院，有些楼里面又建楼，即楼心；还有两侧建护楼的；更有一种四角抹圆的圆角方楼。

3. 圆形土楼

圆形土楼是中国最神秘、最吸引人的一种民居形式。

圆形土楼的最大特点就是，在圆楼内还建有圆楼，形成一环一环的建筑形状。最外环最高，利于防御，一般为二至六层，多为三层；内环高度不可超过外环，这样，建筑不会显得拥挤而又利于采光、通风。

（九）窑洞式

窑洞式住宅主要分布在中国中西部的河南、山西、陕西、甘肃、青海等黄土层较厚的地区。窑洞是黄土高原上特有的一种民居形式。深达一二百米、极难渗水、直立性很强的黄土，为窑洞提供了很好的发展前提。气候干燥少雨、冬季寒冷、木材较少等自然状况，造就了冬暖夏凉、十分经济、不需木材的窑洞。由于自然环境、地貌特征和地方风土的影响，窑洞形成各式各样的形式。从建筑的布局结构形式上划分可归纳为靠崖式、下沉式和独立式三种形式。

1. 靠崖式窑洞

靠崖式窑洞有靠山式和沿沟式之分，窑洞常呈现曲线或折线形排列，有和谐美观的建筑艺术效果。

2. 下沉式窑洞

下沉式窑洞就是地下窑洞，主要分布在黄土塬区——没有山坡、沟壁可利用的地区。这种窑洞的做法是：先就地挖下一个方形地坑，然后再向四壁挖窑洞，形成一个四合院。进入村内，只闻人言笑语，鸡鸣马欢，却不见村舍房屋，所谓"进村不见房，见树不见村"。外地人又称它是"地下的四合院"。

3. 独立式窑洞

独立式窑洞又称锢窑，是一种掩土的拱形房屋，有土坯拱窑洞，也有砖拱、石拱窑洞。这种窑洞无需靠山依崖，能自身独立，又不失窑洞的优点。可为单层，也可建成为楼。若上层也是锢窑即称"窑上窑"；若上层是木结构房屋则称"窑上房"。

二、中国古代建筑常见的屋顶形式

屋顶是我国传统建筑造型非常重要的构成因素。从我国古代建筑的整体外观上看，屋顶是其中最富特色的部分。我国古代建筑的屋顶式样非常丰富，以下就一些常见的屋顶形式予以介绍。

（一）庑殿顶

庑殿顶即庑殿式屋顶，又叫五脊殿。庑殿顶四面斜坡，有一条正脊和四条垂脊，屋面稍有弧度，又称四阿顶，是"四出水"的五脊四坡式。其分为单檐和重檐两种，重檐等级最高。

（二）悬山顶

悬山顶是一种两面坡的屋顶形式，特点是屋檐悬伸在山墙以外（又称为挑山或出山）。悬山顶只用于民间建筑，规格上次于庑殿顶和歇山顶。悬山顶一般有正脊和垂脊,也有无正脊的卷棚悬山,山墙的山尖部分可做出不同的装饰。

(三)歇山顶

歇山顶为中国古建筑屋顶式样之一。外形可以说是庑殿顶的下半部和悬山顶的上半部的组合,由一条正脊、四条垂脊、四条戗脊共九脊组成,故亦称九脊殿。歇山顶在等级规格上次于庑殿顶。其分为单檐和重檐两种,重檐等级高于单檐。歇山顶也有将正脊做成马鞍形的,称为卷棚歇山顶。

(四)硬山顶

硬山顶是一种两面坡的屋顶形式,和悬山顶相仿,区别在于硬山式房屋的两侧山墙同屋面齐平或略高出屋面。

(五)单坡顶

单坡顶即屋顶只有一个坡面的屋顶形式。它只有一条正脊,两条垂脊。在我国山西晋中、陕西关中地区民居中常用单坡顶。

(六)扇形屋顶

扇形屋顶即屋顶呈扇形展开的屋顶架构形式。常见的是两端作歇山处理,屋脊常为卷棚形式,形式活泼,多用于园林建筑,如颐和园的"扬仁风"。

(七)圆形屋顶和方形屋顶

圆形屋顶和方形屋顶即屋顶平面呈圆形或方形的屋顶构架形式。整个建筑具有很强的封闭性,具有很强的防御功能。福建土楼是这种建筑的典型代表。

(八)攒尖顶

攒尖顶是一种锥形屋顶,有四角攒尖、六角攒尖、八角攒尖、圆攒尖数种,又有单檐与重檐之分,重檐攒尖顶较单檐攒尖顶更为尊贵。

(九)盝顶

盝顶是攒尖顶的一种形式,形似古代头盔,故得此名。

（十）十字脊屋顶

十字脊屋顶是一种非常特别的屋顶形式，常见的形式是由两个歇山顶呈十字相交而成。目前存留的比较有代表性的十字脊建筑是北京明清紫禁城的角楼。

（十一）盝顶

盝顶是一种屋顶中心为平顶的架构形式。屋顶部由四个正脊围成平顶，下接庑殿顶。盝顶在金、元时期比较常用，元大都中很多房屋都为盝顶，明、清两代也有很多盝顶建筑。如明代故宫的钦安殿、清代瀛台的翔鸾阁就是盝顶。

（十二）囤顶

囤顶，俗称灰碱土顶，不用瓦片，是中国古代汉族传统建筑的屋顶样式之一。其特征是屋顶略微拱起呈弧形，前后稍低、中央稍高，北方农村民居中常用此样式。

除了以上介绍的常见屋顶形式之外，我国西北和西南少数民族聚居地区也存在着许多独具民族特色的屋顶形式。它们或是具有汉族特色的"混合屋顶"，或是具有西藏和新疆风情的平屋顶。总之，我国多样的民族文化和地理环境给我们留下了丰富的民居遗存，值得我们学习和继承。

第三节　中国传统民居的选址与规划

一、堪舆文化对传统民居选址与规划的影响

堪舆学，本为相地之术，即临场校察地理的方法，叫地相，是宫殿建设、村落选址、墓地建设等的方法及原则。堪舆的历史相当久远，在古代，堪舆盛行于中华文化圈，是衣食住行的一个很重要的因素。有许多与堪舆相关的文献被保留下来。从文献中可知，古代的堪舆多用作城镇及村落选址，还有宫殿建设，后来发展至寻找丧葬地形。

我国各地民居在选址与规划方面都遵循着严格的堪舆规则。他们在建造村落和住宅时，从最初的选址到规划布局再到住宅建造都处处体现堪舆知识的运用。堪舆

学知识对民居的选址与规划方面有着系统的指导作用，并且经过千百年来的发展，总结出了许多可以遵循的基本原则与方法。这些基本原则与方法至今还在指导民间村落与住宅建造。

（一）整体系统性

古代堪舆理论思想把环境作为一个整体系统，这个系统以人为中心，包括天地万物。环境中的每一个整体系统都是相互联系、相互制约、相互依存、相互对立、相互转化的要素。堪舆学的功能就是要宏观地把握各子系统之间的关系，优化结构，寻求最佳组合。我国民居在选址与规划方面一般都遵循着这一整体性、系统性原则，将方位、朝向、地势、地形、水土、植物等作为一个整体看待。

（二）依山傍水

依山傍水是堪舆最基本的原则之一。山体是大地的骨架，水域是万物生机之源泉。考古发现的原始部落几乎都在河边台地，这与当时的生存环境与状态息息相关。

依山的形势有两类，一类是"土包屋"，即三面群山环绕，奥中有旷，南面敞开，房屋隐于万树丛中，湖南岳阳县渭洞乡张谷英村就处于这样的地形。张谷英村的东、北、西三方有三座大峰，如三大花瓣拥成一朵莲花。目前张谷英村有六百多户、三千多人，全村八百多间房子连成一体，村里人过着安宁祥和的生活。

另一类是"屋包山"，即成片的房屋覆盖着山坡，从山脚一直到山腰，长江中上游沿岸的码头小镇都是这样，背枕山坡，拾级而上，气宇轩昂。

（三）坐北朝南

坐北朝南是我国民居建造所应遵循的基本原则。不仅是为了采光，还为了避北风。风有阴风与阳风之别，清末何光廷在《地学指正》云："平阳原不畏风，然有阴阳之别，向东向南所受者温风、暖风，谓之阳风，则无妨。向西向北所受者凉风、寒风，谓之阴风，宜有近案遮拦，否则风吹骨寒。"这就是说要避免西北风。因此，中国民居建筑遵循坐北朝南的原则。

（四）观形察势

堪舆学重视山形地势，把小环境放入大环境考察。从大环境观察小环境，便可知道小环境受到的外界制约和影响，诸如水源、气候、物产、地质等。任何一块宅地表现出来的地形的优劣，都是由大环境所决定的。只有形势完美，宅地才完美。

每建一座城市，每盖一栋楼房，每修一个工厂，都应当先考察山川大环境。大处着眼，小处着手，必先顾及后顾之忧，而后富乃大。

（五）适中居中

适中，就是恰到好处，不偏不倚，不大不小，不高不低，尽可能优化，接近至善至美。

（六）顺乘生气

中国古代堪舆理论认为，气是万物的本源，太极即气，一气积而生两仪，一生三而五行具，土得之于气，水得之于气，人得之于气，气感而应，万物莫不得于气。堪舆理论提倡在有生气的地方修建城镇房屋，这叫作顺乘生气。只有得到滚滚的生气，植物才会欣欣向荣，人类才会健康长寿。

（七）水质分析

不同地域的水分中含有不同的微量元素及化合物质，有些可以致病，有些可以治病。浙江省泰顺县雅阳镇玉龙山下承天村有一眼山泉，泉水终年不断，当地人生了病就到泉水中浸泡，具有很好的疗效，后经检验发现泉水中含有大量的放射性元素氡。云南腾冲县有一个"扯雀泉"，泉水清澈见底，但无生物。经科学家调查发现，泉水中含有大量的氰化酸、氯化氢等剧毒物质。

因此，中国传统堪舆文化在中国民居的选址与规划上起着重要的指导作用，古人在建造村落和住宅时，严格按照堪舆知识来选定合适的场地与方位。堪舆学是一门传统学问，对古代建造行业起着举足轻重的作用。在今天的建筑与规划设计中，应该借鉴堪舆学里的有益经验与原则，使传统意义上的堪舆学在当今城市建设中发挥其积极的作用。

二、自然气候对民居选址与规划的影响

中国地域广阔，各种民居建筑形式绚丽多彩，令人目不暇接。民居结合地形，强调选址和环境，重视大气候的影响和小气候的调节，有相对恒定的模式。这些民居主要源于两大体系，即远古的南方巢居和北方穴居，通常称作"南巢北穴"。在寒冷地区的建筑布局紧凑封闭，采用高墙厚重型结构，只开少数小窗，在多雪地带采用大坡度屋顶。在炎热、多雨潮湿地区用大开口、易通风的开放形式，特别是庭院和天井是民居中的采光通风口。高深的天井对风产生的吸力增强，通风量加大，也

遮挡了强烈的太阳辐射。另外，小天井、敞厅、趟栊、推拉天窗、檐廊、冷巷和风火山墙等都是采光、通风、隔潮、避热、防雨和防风等行之有效的办法。对于木构建筑，由于木材具有良好的吸收水分的能力，能够调节房间内的湿度，使室内保持比较恒定的湿度。同时，中国的气候由北向南呈由冷变暖的趋势，决定中国传统民居庭院空间由北向南呈由大变小的趋势。这是因为北方太阳高度角低、气温低，房屋之间需要足够的间距才能保证获得充分的日照以保暖，南方太阳高度角高、气温高，房屋之间需要较小的间距才能形成阴凉以降温。比如，北京四合院和徽州民居作为一北一南两个气候区传统民居的代表，其庭院空间的差异，可以明显地看出气候对庭院空间的影响。北京四合院庭院空间开阔宽敞，徽州民居庭院空间狭小而窄高。这是因为北京地区低温日数较多，开阔宽敞的庭院空间方便获得阳光，以达到保暖的目的；且宽敞的庭院空间也方便夏季风的进入，以起到降温的作用。徽州地区高温日数较多，狭小的庭院空间可以阻挡阳光，形成阴凉，起到降温的作用；且窄高的庭院空间也利于形成热压通风，达到降温排湿的目的。草原的蒙古包、西南的吊脚楼、陕北的窑洞、闽南的土楼、广西的麻栏、高原的碉房、傣家的竹楼等，也都体现了自然气候对民居选址与规划的影响。下面分别从不同地区的民居建制来说明自然气候对民居选址与规划的影响。

（一）严寒地区

1. 蒙古包

由于北方气候变化剧烈，冬季气温低且风沙大，日照强烈，草原上传统的居住形式——蒙古包用羊皮覆盖，以枝条做骨架，构造简单，便于拆装和携带，适合牧民逐水草而居的游牧生活方式。圆形建筑平面的散热面积小，也有利于抵抗风沙。

2. 西藏碉房

西藏海拔高，气候变化剧烈，日夜温差大，冬季寒冷，太阳辐射强，加上气候干燥，雨量稀少，植被短缺，因此民居多依山而建，以石块作为主要建筑材料，形成外为石墙、内为密梁木楼层的楼房。平屋顶、厚墙、小窗、封闭式天井或院落，可以防风、保温和减弱日晒。

（二）寒冷地区

1. 北京四合院

北京冬季寒冷、干燥，风沙较大，夏季偏热。四合院建筑形式可创造较舒适的微气候。房屋由垣墙包绕，对外不开敞，面向内院，主要居室朝南，在南向开大窗，北向只开小高窗。有适当的挑檐,冬季可获得较多日照,夏季又可遮阳。庭院面积较大,院内栽植花木,摆设鱼缸鸟笼,形成安静闲适的居住环境。这种布局在防风沙和防噪声干扰等方面比较理想。

2. 陕西、河南等黄土高原窑洞

陕西、河南地区阳光充足,干旱少雨,木材资源缺乏,地形上沟壑纵横交错,而且黄土高原土质好,地下水位低。因此,窑洞利用土层保温蓄热,可改善室内热环境。陕北的沿崖窑洞利用山地地形,效果更好。窑洞除了适合人畜居住,还是一个良好的天然冷藏库。但窑洞通风不良也造成了窑洞内湿度大和空气污浊的弊端。

(三)夏热冬冷地区

1. 吐鲁番民居

吐鲁番地区属于典型的温带干旱气候,夏季酷热、干燥,吹热风,冬季较寒冷;降水量少,降水变率大,有少量冬雪,同时日照率高,云量少,气温变化急剧,年温差大。因此在民居布局上前、后房相连,附以厨房、马厩,围合成封闭的院落。这种内院式的密集组群布局,有冬暖夏凉的效果。民居一般有两层,保温隔热,土墙厚,少开窗,开小窗。多设地下室并设置"风兜",盛夏穴地而居("凉房")。午间酷热难忍时,当地居民一般在半地下室休息,早晨和傍晚多在葡萄架下的庭院或居室中活动。夜间喜欢在带通风间层的隔热屋顶平台或顶层廊下露宿。

2. 四川山地住宅

四川盆地多是山地丘陵,住宅为适应地形,发展为多种方式。其特点是灵活自由,经济便利。由于盆地炎热多雨,阴雾潮湿,因此,与许多地区封闭禁锢的形式相反,该地区住宅比较开敞外露,外廊众多,深出檐,开大窗,给人以舒展轻巧的感觉。

(四)夏热冬暖地区

1. 广州西关大屋

广东地处亚热带,气候炎热,湿度大,雨量充沛,多台风。广州的高温天气时间长,西关大屋的设计采用整齐封闭的外墙以减少太阳辐射,也能防火和保持私密性。建筑利用起伏的坡屋面、小庭院、天井、敞厅、青云巷、天窗、高侧窗、疏木条、各种通透的门窗来组织自然通风。规模大的西关大屋还带有园林、戏台等。西关大屋是富有岭南特色的传统民居。

2. 岭南骑楼

岭南温热气候使其在一年之中热长、冷短、风大、雨多,所以建筑的隔热、遮阳、通风、避湿、防台风的要求和处理，就形成了其建筑的特点。骑楼这种南方地区较常见的商住建筑一般为两至三层，第一层正面为柱廊，所有建筑用柱廊串联起来，就构成了公共的人行交通通道。骑楼的下面为商铺，上面为住宅，住宅向外突出，跨越人行步道，为顾客遮阳避雨，收到"暑行不汗身，雨行不濡履"的效果。建筑的通风、采光、给排水、交通依靠天井、厅堂和廊道解决。高墙窄巷使大部分地方处于建筑阴影内，深幽的天井有良好的抽风作用，开敞的廊道也有利于通风除湿。这种高建筑密度的布局手法看似不佳，实际上对于当地气候具有很强的适应性。

（五）温和地区

1. 西双版纳"干阑"

云南省西双版纳属于亚热带气候，常年气温高，年降雨量大。居住于此的傣族居民为适应当地潮湿多雨的气候条件，就地取材，用竹木建造了干阑式住宅，底层架空，四周无墙，只有几排柱子支承上面的重量，木或竹的楼面留缝，使较凉的空气从底层透入，改善微气候。底层一般用作厨房、畜圈和杂用，二楼储藏粮食。底层和第二层外墙不开窗，上两层为住房，向外开窗，内侧为廊，连通各间。设凉台，屋顶坡度较大，多采用"歇山式"以利屋顶通风，飘檐较远，重檐的形式有利于遮阳、防雨。平面呈四方块，中央部分终日处于阴影区内，较为阴凉，为族人议事、婚丧行礼及其他公共性活动区域。

2. 云南彝族"一颗印"

云南高原地区四季如春，冬温夏凉，干湿季分明，日照较强，多雾且有雷暴。住宅空间像凹斗，便于通风，尤其是内院起着通风、采光和排水的作用。墙厚（夯筑或土坯）、瓦重（筒板瓦），外墙很少开窗。由于当地春季风大，这样处理有利于防风避寒。其布局十分紧凑，常见形式为"三间两耳"，即正房三间，东西厢房各两间，组合成高度和面宽都相近的方形院落，因其平面和外观酷似一颗方正的印章，故名"一颗印"。

第四节　中国传统民居的布局特点

一、北方合院式民居

合院式住宅也称为宫室式或庭院式住宅，是中原汉民族传统居住建筑的主要形式。其以庭院为中心，在庭院四边布置房屋，正房坐北朝南，耳房配列东西，倒座居南朝北，形成一个中轴对称、左右平衡、对外封闭、对内开敞向心、方整的平面型制。从北方的北京四合院、山西合院到南方的闽南民居再到远离中央且地处偏僻地区的四川、云南等地的民居，都现存有大量合院式民居。

北方合院式民居的形制特征是组成院落的各幢房屋是分离的，住屋之间以走廊相连或者不相连，各幢房屋皆有坚实的外檐装修，住屋间所包围的院落面积较大，门窗皆朝向内院，外部包以厚墙。屋架结构采用抬梁式构架。这种民居形式在夏季可以接纳凉爽的自然风，并有宽敞的室外活动空间；冬季可获得较充沛的日照，并可避免寒风的侵袭，所以合院式是中国北方地区通用的形式，盛行于东北、华北、西北地区。合院式民居中以北京四合院最为典型。完整的北京四合院大多是由三进院落组成，沿南北轴线安排倒座房、垂花门、正厅、正房、后罩房。主院落一般有东西厢房，正厅房两侧有耳房。院落四周由穿山游廊及抄手游廊将住房连在一起。大门开在东南角。大型住宅尚有附加的轴线房屋及花园、书房等。宅内各幢住房皆有固定的用途：倒座房为外客厅及账房、门房；正厅为内客厅，供家族议事；正房为家长及长辈居住；子侄辈皆居住在厢房；后罩房为仓储、仆役居住及厨房等。这种住居按长幼、内外的等级秩序进行安排，是一种宗法性极强的封闭型民居。属于合院式的民居尚有以下几种：晋中民居，其院落呈南北狭长形状；晋东南民居，其住房层数多为两层或三层；关中民居，除院落狭长以外，其厢房多采用一面坡形式；宁夏回族民居，其布局形式较自由，朝向随意，并带有花园；吉林满族民居，院落十分宽大，正房中以西间为主，三面设万字炕；青海的"庄窠民居"是平顶的四合院，周围外墙全为夯土制成。

二、皖南民居

皖南民居是风格较为鲜明的汉族传统民居建筑，以位于安徽省长江以南山区地域范围内、以西递和宏村为代表的古村落，以徽州（今黄山市、绩溪县及江西婺源县）风格和淮扬风格为代表。徽州民居有强烈的徽州文化特色，其他皖南民居则深刻凸显其文化过渡地带风格特征，其与江北、皖北差异较大，今皖北皖中多模仿此类风格仿制仿古建筑。

皖南民居以保存了大量明清时期的古建筑而闻名。今存徽州明清时期的皖南民居古建筑群主要集中在黟县、歙县、绩溪、休宁等地。皖南古村落一般由牌坊、民居、祠堂、水口、路亭、作坊等组成。民居的布局一般是以天井为中心的三合院或四合院，两层高度。大型宅院采用多院落组合。有的古民居，四周均用高墙围起，谓之"防火墙",远望似一座座古堡,房屋除大门外,只开少数小窗,采光主要靠天井。这种居宅往往很深,进门为前庭,中设天井,天井的北侧设厅堂,一般住人。厅堂与天井之间不设墙壁与门窗,属于开阔的空间。厅堂后是木质的太师壁,太师壁的两侧为不装门扇的门。太师壁的前面放置长几、八仙桌等家具。厅堂东西两侧,分别放置几组靠背椅与茶几。厅堂后设一堂两卧室。堂室后又是一道封火墙,靠墙设天井,两旁建厢房,为第一进。第二进的结构为一脊分两堂,前后两天井,中有隔扇,有卧室四间,堂室两个。第三进、第四进或者往后的更多进,结构大抵相同。这种深宅里居住的一般为一个大家族。随着子孙的繁衍,房子也就一进一进地套建起来,故房子大者有"三十六天井,七十二槛窗"之说。这种高墙深宅的建筑与族居方式,在国内外是罕见的。

另外,徽派建筑大门,均配有门楼,主要作用是防止雨水顺墙而下溅到门上。一般农家的门楼较为简单,刻一些简单的装饰。富家门楼十分讲究,多有砖雕或石雕装潢。徽州区岩寺镇的进士第门楼为三间四柱五楼,仿明代牌坊而建,用青石和水磨砖混合建成,门楼横植上双狮戏球雕饰,形象生动,刀工细腻,柱两侧配有巨大的抱鼓石,高雅华贵。门楼体现了主人的地位。

三、江浙水乡民居

在长江流域江浙水乡三角洲平原上,以太湖为中心散布着中国著名的水乡城镇,比如乌镇、同里、西塘、周庄、绍兴等。江浙水乡所处的长江三角洲和太湖水网地区,气候温和,季节分明,雨量充沛,因此形成了以水运为主的交通体系,同时也塑造了极富韵味的江南水乡民居的风貌与特色。

江浙水乡民居以集镇的形式出现,其整体布局框架,主要是根据水体与集镇的组构关系形成的,包括沿河流湖泊一面发展的布局、沿河两面发展的布局、沿河流交叉处发展的布局、围绕多条交织河流发展的布局等四类。

江浙水乡民居普遍的平面布局方式和北方的四合院大致相同,在自然条件允许的情况下,都是坐北朝南,注重前街后河,注重内采光,只是一般布置紧凑,院落占地面积较小。

江浙水乡民居在单体上以木构一、二层厅堂式的住宅为多,为适应江南的气候特点,住宅布局多穿堂、天井、院落。住宅的大门多开在中轴线上,迎面正房为大厅,后面院内常建二层楼房。由四合房围成的小院子通称天井,仅作采光和排水用。因为屋顶内侧坡的雨水从四面流入天井,所以这种住宅布局俗称"四水归堂"。水乡多河的环境出现了水巷、小桥、驳岸、踏渡、码头、石板路、水墙门、过街楼等富有水乡特色的建筑小品，组成了一整套的水乡居住环境。

苏州民居为江浙地区典型的水乡民居，主要分为三大类型，分别为大型民居、中型民居、小型民居（普通民居）。苏州民居除具有水乡民居的共性外还有自己的特色。总体来讲，苏州的普通民居以街坊形式构成群体，因为城内被道路河流分割为不同的居住区，多是前街后河的形式，面窄而进深长的房屋多垂直于河岸建造，背面多以天井方式形成小院。一个围合的天井被称作"一进"，是苏州民居的最基本单元。苏州的普通民居构造也相对简单、朴素而自然。其虽然规模较小、层高较低，但是平面造型比较多样，有长方形、曲尺形等，有三合院也有四合院形式，都与生活实际和建筑选址密切相关，没有一个既定的形式。其中长方形平面的三合院是最常见的形式，一般为中间天井、前大门、后正房、左右厢房的布局形式。苏州民居也有一些并未沿水而建，但形式上大同小异。

四、岭南水乡民居

岭南水乡聚落的人家多住直头屋，即单间小屋。中小户人家多住明字屋和三间两廊。明字屋为双开间，主间为厅，次间为房，厅前有天井，房后有厨房，独门独户，主要适应于人口少的家庭。大中型住宅基本格局多以"三间两廊"为主，所谓三间，即一座三间悬山顶房屋，明间为厅堂，两侧次间为居室。屋前有天井，天井两旁为两廊。天井以围墙封闭。整座房屋平面为规矩的长方形。两廊中，右廊开门与街道相通，一般为门房；左廊多作厨房。民居的门，一般采用脚门（矮脚吊扇门）、趟栊和木板大门，俗称"三件头"。"三件头"大门，既保持了居室的隐性，又利于通风透气，既可观察门外，又有较好的防卫功能，还具有较高的艺术价值，这是岭南建筑求实通透的一个典型的例子。有的在三间后面加建神楼，楼上靠厅的一面有神龛，用以安放祖宗牌位。此民宅模式是包括顺德在内的珠江三角洲乡村最普遍、最典型的标准住宅。水乡聚落各以河涌作分隔的组成部分，仍以三间两廊为基本单位，并联扩大为多进多路大型院落。以三间两廊为基本模式，还可以有许多增删变化。

小洲村是目前尚存的较典型的岭南水乡民居，位于广州万亩果园中心地带的海珠区，这里至今仍保留着岭南水乡最后的"小桥流水人家"。民居沿河而建，居民枕河而居，随处可见百年古榕和有年代感的蚝壳屋。在中山、顺德、江门等地区依然保留了许多典型的、富有特色的岭南水乡民居。

五、客家民居——土楼、围屋

闽西的土楼和赣南的围屋，是明清时期独具特色的传统民居，是客家古建文化的代表。

围屋与土楼都是客家人的古民居，都是"围"起来的屋子，都具有"家、祠、堡"的功能，但是土楼和围屋不是一个概念。在建筑材料上，土楼主要是用土，而围屋是用砖石。在建筑规模上，土楼是四层，主房与围墙连为一体；围屋大都是一至两层，与围墙连为一体的是下房，主房建在中央，四角建有高于围屋的炮楼。

土楼的建筑布局最显著的特点是：单体布局规整，中轴线鲜明，主次分明，与中原古代传统的民居、宫殿建筑的建筑布局一脉相承；群体布局依山就势，沿溪（河、涧）落成，面向溪河，背靠青山。还注重选择向阳避风的地方作为楼址。楼址忌逆势、忌正对山坳。若楼址后山较高，建的楼一般较高大，且与高山保持适当距离，使楼、山配置和谐。土楼的建筑布局既采用了古代宫殿、坛庙、官府等建筑整齐对称、严谨均衡的布局形式，又创造性地"因天材、就地利"，按照山川形势、地理环境、气候风向、日照雨量等自然条件以及风俗习惯等进行灵活布局。除了结构上的独特，土楼内部窗台、门廊、檐角等也极尽华丽精巧，实为中国民居建筑中的奇葩。

围屋不论大小，大门前必有一块禾坪和一个半月形池塘，禾坪用于晒谷、乘凉和其他活动，池塘具有蓄水、养鱼、防火、防旱等作用。大门之内，分上中下三个大厅，左右分两厢或四厢，俗称横屋，一直向后延伸，在左右横屋的尽头，筑起围墙形的房屋，把正屋包围起来，小的十几间，大的二十几间，正中一间为"龙厅"，故名"围龙"屋。小围龙屋一般只有一至两条围龙，大型围龙屋则有四条、五条甚至六条围龙，兴宁花螺墩罗屋就是一座六围的围龙屋。在建筑上围屋的共同特点是以南北子午线为中轴，东西两边对称，前低后高，主次分明，错落有序，布局规整，以屋前的池塘和正堂后的"围龙"组合成一个整体，里面以厅堂、天井为中心设立几十个或上百个生活单元，适合几十个人、一百多人或数百人同居一屋。

六、西北、西南少数民族民居

中国少数民族地区的居住建筑风格多样，每个民族的民居建筑都有自己的特色。西北少数民族与西南少数民族的居住建筑无论在布局还是形态上都有诸多差异。如藏族民居"碉房"用石块砌筑外墙，内部为木结构平顶；新疆维吾尔族住宅多为平顶，土墙，一到三层，外面围有院落；蒙古族居住于可移动的蒙古包内。西南各少数民族常依山面水建造木结构干阑式楼房。西南苗族、土家族的吊脚楼一般建在斜坡上，用木柱子支撑建筑，楼分两层或三层，最上层很矮，只放粮食不住人，楼下堆放杂物或圈养牲畜。下面介绍几种典型的西北、西南少数民族的民居布局特征。

（一）藏族典型民居

碉房多为三层或更高的建筑。底层为畜圈及杂用，二层为居室和卧室，三层为佛堂和晒台。四周墙壁用毛石垒砌，开窗很少，内部有楼梯以通上下，易守难攻，类似碉堡。平面布置逐层向后退缩，下层屋顶构成上一层的晒台。厕所设在上层，悬挑在后墙上，厕所排泄物可通过孔洞直落进底层畜舍外的粪坑中。碉房坚实稳固、结构严密，既利于防风避寒，又便于御敌防盗。

帐房与碉房迥然不同，它是牧区藏民为适应逐水草而居的流动性生活方式而采用的一种特殊性建筑形式。

（二）蒙古族住宅建筑——蒙古包

蒙古包是草原上一种呈圆形尖顶的天穹式住宅，由木栅撑杆、包门、顶圈、衬毡、套毡及皮绳、鬃绳等部件构成。木栅在蒙语里称"哈纳"，是用长约 2 米的细木杆相互交叉编扎而成的网片，具有伸缩性。几张网片和包门连接起来形成一个圆形的墙架，大约 60 根被称作"乌尼"的撑杆和顶圈插结则构成了蒙古包顶部的伞形骨架。用皮绳、鬃绳把各部分牢牢地扎在一起，然后内外铺挂上用羊毛编织成的毡子加以封闭，这就完成一个蒙古包的建造了。包内划分为九个方位，正对顶圈的中位为火位，置有供煮食、取暖的火炉；火位正前方为包门，包门左侧，置放马鞍、奶桶，右侧则放置案桌、橱柜等。火位周围的五个方位，沿着木栅整齐地摆放着绘有民族特色的花纹安析木柜木箱。箱柜前面，铺着供家庭成员室内活动就寝的厚厚的毡毯。蒙古族习惯以右为贵，以上为尊，因此，蒙古包内正对火位的一方为尊位，也是招待宾朋的地方；尊位的右侧和左侧，分别是男性和女性成员的铺位。

（三）羌族民居

羌族建筑以碉楼、石砌房、索挤、栈道和水利筑堰等最著名。羌语称碉楼为"邓笼"。碉楼多建于村寨住房旁，高度在 10～30 米之间，用以御敌和贮存粮食、柴草。碉楼有四角、六角、八角等形式，有的高达十三四层。建筑材料为石片和黄泥土。墙基以石片砌成。石墙内侧与地面垂直，外侧由下而上向内稍倾斜。四川省北川县羌族乡永安村的一处明代古城堡遗址"永平堡",历经数百年仍保存完好。

羌族民居为石片砌成的平顶房,呈方形,多数为三层,每层高 3 米左右。房顶平台的最下面是屋檐,伸出墙外,用木板或石板做成。木板或石板上用竹枝覆盖,再用黄土和鸡粪夯实,不漏雨雪,冬暖夏凉。房顶平台是脱粒、晒粮及孩子老人游戏休歇的场地。有些楼间修有过街楼(骑楼),以便往来。

(四)纳西族民居

纳西族民居大多为土木结构,比较常见的形式有以下几种,即三坊一照壁、四合五天井、前后院、一进两院等形式。其中,三坊一照壁是丽江纳西族民居中最基本、最常见的民居形式。所谓三坊一照壁,即指正房一坊较高,方向朝南,主要供老人居住,两侧配房略低,由晚辈居住,再加一照壁,看上去主次分明,布局协调。上端伸长的"出檐",具有一定曲度的"面坡",避免了沉重呆板,显示了柔和优美的曲线。墙身向内作适当的倾斜,增强整个建筑的稳定感。四周围墙,一律不砌筑到顶,楼层窗台以上安设"漏窗"。为保护木板不受雨淋,大多房檐外伸,并在露出山墙的横梁两端顶上裙板,当地人称为"风火墙"。为了增加房屋的美观,有的还加设栏杆,做成走廊形式。最后为了减弱悬山封檐板的突然转换和山墙柱板外露的单调气氛,巧妙应用了"垂鱼"板的手法,既对横梁起到了保护作用,又增强了整个建筑的艺术效果。通过对主辅房屋、照壁、墙身、墙檐和"垂鱼"装饰的布局处理,整个建筑显得高低参差,纵横呼应,构成了一幅既均衡对称又富于变化的外景。农村建筑与城镇略有不同。一般来说三坊皆两层,朝东的正房一坊及朝南的厢房一坊楼下住人,楼上作仓库,朝北的一坊楼下当畜厩,楼上贮藏草料。天井除供生活之用外,还兼供生产之用,因此农村的天井稍大,地坪光滑,一般不用砖石铺设。

(五)苗族典型民居——吊脚楼

苗族大多居住在高寒山区,山高坡陡,开挖地基极不容易,加上天气潮湿多雾,砖屋底层地气很重,不宜起居。因而,苗族历来依山抱水,构筑一种通风性能好的干爽的木楼——吊脚楼。

苗族的吊脚楼建在斜坡上,把地削成一个"厂"字形的土台,土台下用长木柱支撑,按土台高度取其一段装上穿梁和横梁,与土台平行。吊脚楼低者七八米,高者十三四米,占地十二三平方米。吊脚楼一般以四排三间为一幢,有的除了正房,还搭了一两个"偏厦"。每排木柱一般九根,即五柱四瓜。每幢木楼,一般分三层,上层储谷,中层住人,下层楼脚围栏成圈,作堆放杂物或关养牲畜。中层旁有木梯与楼上层和下层相接，该层设有走廊通道，约一米宽。堂屋是迎客间，内侧各间则隔为二三小间为卧室或厨房。房间宽敞明亮，门窗左右对称。有的还在侧间设有火坑，冬天就在侧间烧火取暖。中堂前有大门，门是两扇，两边各有一窗。中堂的前檐下，都装有靠背栏杆，称"美人靠"。

（六）傣家民居——竹楼

竹楼是傣家人世代居住的居所，它的楼顶，有"诸葛亮的帽子"之美名。傣家竹楼为干阑式的建筑，造型美观，外形像一个架在高柱上的大帐篷。竹楼是用各种竹料（或木料）穿斗在一起，互相牵扯，极为牢固。楼房四周用木板或竹篱围住，堂内用木板隔成两半，内为卧室，外为客厅。楼房下层无墙，用以堆放杂物或饲养家禽。楼室高出地面若干米。竹楼为四方形，楼内四面通风，冬暖夏凉。傣家人喜欢在竹楼周围种植水果等。

（七）侗族民居——鼓楼

鼓楼是侗寨男女老幼"踩歌堂"或看侗戏的场所。鼓楼至今仍是侗家人议事、休息和娱乐的场所，也是侗族人民团结的象征。

侗族民间有"建寨先楼"之说。每个侗家至少有一座鼓楼，有的侗寨多达四五座。侗寨鼓楼，外形像个多面体的宝塔。一般高 20 多米，11 层至顶，全靠 16 根杉木柱支撑，楼心宽阔，约 10 平方米，中间用石头砌有大火锅，四周有木栏杆，设有长条凳，供歇息使用。楼的尖顶处筑有葫芦或千年鹤，象征吉祥平安，楼檐角突出翘起，精雅别致。

（八）白族民居——另类的四合院

位于苍山脚下、洱海之滨的大理喜洲，是白族民居建筑的精华所在。据史书记载，这里曾是唐代南诏王异牟寻的都城。

喜洲的民居建筑均为独立封闭式的住宅，类似北京的四合院。一座端庄的民居院落主要由院墙、大门、照壁、正房、左右耳房组成。由于过去人民生活地位不同，所以房屋的建筑格调和形式也有所区别。一般的建筑形式有："一正两耳"；"两房一耳"；"三坊一照壁"；少数富户住"四合五天井"，即四方高房，四方耳房、一眼大开井、四眼小天井；此外，还有两院相连的"六合同春"；楼上楼下由走廊全部贯通的"走马转阁楼"等。不过这古老、昂贵、华丽的住宅已不被白族人所使用了。现在多是一家一户自成院落的两层楼房。白族民居往往注重门楼、照壁建筑和门窗雕刻以及正墙的彩绘装饰。门楼是整个建筑的精华部分，它通常使用泥雕、木雕、大理石屏、石刻、彩绘、凸花砖和青砖等材料进行装饰。白族居民门窗木雕，无处不闪现着剑川木匠高超的手艺。一般均用透雕和浮雕手法，层层刻出带有神话色彩和吉祥幸福的图案。住宅室内左右为卧室，当中为客厅，放有嵌彩花大理石的红木桌椅和画屏等。

照壁是白族民居建筑不可缺少的部分，院内、大门外、村前都有照壁。照壁均用泥瓦砖石砌成。正面写有"福星高照""紫气东来""虎卧雄岗"等吉祥词句。照壁前设有大型花坛，花坛造型各异，花木品种繁多。

七、中国民居分布及发展

（一）先秦时期住宅

原始社会分为旧石器时代和新石器时代。旧石器时代由于生产力低下，因此建筑水平不高且发展缓慢，但早期人类的居住形式对后期各社会阶段建筑的发展产生了决定性的影响。

在旧石器时代，先民生存和居住条件基本与现在的猿类相仿，他们依靠采集果实及狩猎为生，为遮风避雨、逃避猛兽的袭击，多居住于树上，后来懂得使用粗糙工具，居住环境开始得到改善。同时，部分先民开始从树上转移到山洞中居住，逐渐对居住环境有了一定的追求，具有建造家园的意识。

随着先民不断地探索与发展，从居住在树上和居住在山洞中两种不同环境逐步演化成巢居和穴居两种形式。《礼记·礼运》对此进行了描述："昔者先王未有宫室，冬则居营窟，夏则居橧巢。"反映了原始人当时情况下的两种居住方式。

进入新石器时代，建筑发展速度明显加快，巢居和穴居形式发生明显变化。巢居从旧石器时代的树上居住形式逐步演变到在地面上自由搭设，分为打桩和栽桩两种地面搭设，技术程度比以往更进一步，从而形成较新型、灵活的居住方式。所以巢居后来更多是指人工建造、底层架空的居住形式。

穴居的形式也发生了变化，从早期的利用自然山洞，逐渐演化到人工挖掘。当人类不断发展，人口逐渐增加，自然山洞已经远不能满足人类的居住需求，并随着生产工具的使用，人类开始从自然山洞得到启示，挖掘人工洞穴。穴居大体经历横穴、竖穴、半穴居、原始平面建筑、分室建筑等几个阶段。旧石器时代主要以山洞和横穴为主要居住形式，到了新石器时代发展出竖穴、半穴居及原始地面建筑等几种新形式。根据考古发现，在西安半坡村有着半穴居居住区，居住区内密集排列住宅四五十座，布局具有条理性。这个居住区的中心部分，有一座规模相当大，平面约为 12.5 米×14 米近似于方形的房屋，可能是氏族的公共活动——氏族会议、节日庆祝等的场所。住宅区周围设有 5～6 米的壕沟，具有防卫作用及区域界定作用，相当于城池的护城河。在住区内有公共仓库，住区外有公共墓地和公共窑场，这些都反映出半坡人已具有初步的环境规划意识和一定的建筑营造水平。

原始社会末期，氏族首领的出现，私有制产生，直至公元前 21 世纪，中国历史第一个朝代——夏朝建立，结束了原始社会公有制的生产方式。随着私有制的产生和阶级的出现，身份被划分等级，建筑自然也被等级化，便产生"民居"的称谓，它是相对于官式府邸与皇室建筑而言的。

夏朝的社会生产力与之前原始社会相比虽有明显的进步，但生产力水平还是比较低下，因此建筑还是延续旧居住模式，只是在原有基础上进一步优化处理。直到商朝中后期社会生产力有了质的飞跃，居住模式也随之出现新变化，集中表现在建筑木构架的发展。

原始社会的半地穴和平面建筑在夏朝及商朝得到继承和保留，但较之前其规模和数量不断增加，如内蒙古鄂尔多斯朱开沟遗址。考古表明，该遗址具有夏朝早、中及晚期的住宅形式特征。早期以半地穴和平面建筑为主，房屋平面形状以圆形居多，直径 5 米左右。中期房屋平面以方形平面浅穴为主，部分呈圆角方形。而晚期以长方形平面浅穴数量为最多。而山西夏县东下冯村遗址则以窑洞形式为最多，还有半地穴及地面建筑共三类，建于夏朝中晚期、商朝初期，总面积 25 万平方米，依靠黄土崖及沟壁开凿而成，室内面积较小，约 5 平方米，平面有方形、圆形和椭圆形三种，窑洞内室顶部多为穹窿形，内壁有小龛并在墙角设有火塘，室外有窖穴、灰坑、水井及防御设施壕沟。

夏朝住宅平面形式从圆形不断转向方形，其剖面形式从下凹的半穴居到平面建筑再到商朝的带台基建筑，室内平面不断在升高。民居发展到商朝，随着木构架和夯土墙垣技术的发展和推广，地面建筑占绝对优势，并且带台基建筑及地面分室建筑也较普及。现在的河南郑州曾是商朝中期一座重要城市，考古发现郑州有商朝的夯土高台遗迹，其用夯杵分层捣实而成。夯窝直径约 3 厘米，夯层匀平，层厚约 7～10 厘米，相当坚实，可见当时夯土技术已达到成熟阶段。夯土技术的成熟促使房屋台基及墙身的形成与普及应用，使住宅摆脱原始穴居的居住模式，形成带台基，并利用夯土墙垣灵活分隔空间形成地面分室建筑的新形式。山西夏县东下冯村商代聚落遗址发掘十多处成排基址，台基高出地面 30～50 厘米，直径为 8～10 米，聚落外围采用宽 8 米的夯土墙作防御设施。河南偃师二里头建筑遗址也有高出地面的台基，台基东西长约 28 米，南北只有 8 米左右，现残存夯土厚为 0.16～1 米，此遗迹不但有台基，而且在台基上有木骨泥墙环绕相隔，形成三间建筑形式。这表明住宅规模逐渐增大，半穴居形式已发展成为带台基地面分室的新居住形式。

夏朝和商朝在中国整个建筑发展过程中起到基础性作用，为中国传统建筑确立了许多规则和规范。周朝在夏商基础上更进一步发展。随着青铜技术的发展，西周已出现少数铁器，工程技术有了很大的进步，社会生产力发生质的飞跃，建筑活动也随之活跃，涉及范围十分广泛。

木材凭借自身的优势在周朝建筑中应用广泛，尤其木架构的发展，斗拱的出现，改变了建筑的受力结构，结束了原始社会穴居中间靠木柱支撑的形式。斗拱的出现取代木柱的功能，木构架应用广泛，榫卯连接构件也日趋成熟。建筑材料更是发生质的飞跃，西周已出现板瓦、筒瓦、人字形断面的脊瓦和圆柱形瓦钉。此类瓦镶嵌在屋面，解决屋面排水及防水等问题。另外，陶制砖、夯土技术、石材及金属件在建筑上的运用，使建筑外观和使用功能发生明显变化，呈现出前所未有的建筑风貌。

周朝的庶民住宅虽有所发展，但仍然处于较简陋状态，一是财力因素，二是受森严等级制度的约束。民居多沿用商朝的半穴居形式，和过去民居的区别在于分室式房屋普及使用，并具有部分木结构地面房屋。相比之下，士大夫的官式住宅则可以建造一个小院，前后有两排建筑。周朝较之夏商两朝已形成一个完整的建筑体系，对不同身份居住住宅及不同建筑性质都有相应规定，并且对其后各朝代产生深远影响。

（二）秦汉魏晋时期民居

春秋战国时期到秦朝，战乱频繁，在这段时间建筑的发展更多体现在大规模的宫室和高台建筑的兴建，瓦的发展及成熟使装饰纹样更加绚丽夺目，铁器工具的使用，为榫卯、复杂的花纹雕刻及木构架的艺术加工提供条件。但在战乱中民居没有明显的发展与变化。

秦朝结束，又迎来中国第一个统治时间较长的强大王朝——汉朝。经济发达的汉朝，整个社会各行业都在蓬勃发展。从汉墓的构造以及发掘出大量的画像石、画像砖、壁画、器皿、陶屋等物品中可以窥见汉代住宅的建筑水平。资料表明汉朝不管是建筑形式还是建筑组合配置都处于相当发达阶段，其建筑形式丰富多彩，主要的木构架形式有抬梁式、穿斗式、干阑式及井干式等四种形式。抬梁式、穿斗式在结构上或在建筑平面上都较灵活，可以建造的规模大，比起干阑式和井干式更具优势。同时，汉朝建筑屋顶的形式也更趋多样化，出现了庑殿、悬山、单坡、攒尖、重檐等多种形式。

从现存的资料看，汉朝达官贵族住宅规模较大，层次丰富，具有多重房屋与院落，以围廊作为连接房屋纽带并带有附属园林。如四川出土的画像砖和河南出土汉墓空心砖上所刻画的住宅。值得注意的是，这些遗址及出土文物资料表明汉代贵族宅院已开始有私家园林，如文献记载茂陵富豪袁广汉建造的花园宅第，东西约1600米，南北约2000米，园中有重阁回廊、叠山造水，并在园内养有奇珍异兽及种植各种花草树木。这些遗址及出土文物资料表明汉代住宅中开始有园林景观设计，建筑形式没有明显的中轴线，基本采用不对称形式。

汉朝民居的形式丰富多彩，建筑类型有大中小型住宅及齐全的住宅配套设施，如坞堡、楼屋、塔楼、仓库、坟墓、楼榭、水井等，建筑部件更是丰富多样，如屋顶、门窗、斗拱、台基、围廊、门阙、门楼、墙垣等。此时住宅大到整体规划、小到局部构件基本配备齐全，并一直沿用至今，汉朝后期中国民居住宅类型已基本出现。

三国、两晋、南北朝初期，住宅建筑风格继承发展汉朝建筑形制，到南北朝后期，建筑形式才出现突出变化，集中表现在屋面下凹翘曲，檐口呈反翘曲线形式及屋角鸱尾的使用，但鸱尾当时只限于宫殿使用，民居没有特许不得使用，这为后代屋顶飞檐起翘等活泼的中国建筑形式奠定了基础。

当然，这一时期的建筑不仅对汉代进行继承和发展，还带有浓厚的社会政治特色。由于战争此起彼伏的缘故，建筑带有强烈军事特色，集中表现在城堡、望楼等防御设施的增设上。各地方不少乡镇以几十户、几百户乃至上万户为单位建造坞堡，起到防卫保护作用。在南北朝时受"抑门阀"运动影响，这种防御设施有所收敛。但平民住宅仍处于简陋状态。

（三）唐宋时期民居

隋唐是我国传统社会发展的高峰，也是中国古代建筑发展的成熟时期。它在继承两汉以来成就的基础上，融入外来建筑优势，形成完整的建筑体系。隋唐建筑特色是全木结构，承重支撑都是靠木结构，墙体只起围合和界定作用，不起承重作用，而在此之前的建筑大都是土木混合结构，即墙也起承重作用。

唐朝由于社会经济发达，财力雄厚，统治阶级及贵族都建造豪华住宅及园林，从贵族到庶民，不同等级对住宅的建造结构及形式都有明确的界定，包括门厅大小、开间进深、间数、架数及装饰、色彩都作相关规定，体现了古代社会严格的等级制度。唐制规定，三品以上官员，可建进深五架悬山屋顶大门，面阔三间；一家有若干大官员，可在大门左右另开侧门；五品以上官员在宅邸门外可设立乌头门，即后来的牌坊。这类属于大宅，大宅基本分为内宅和外宅，外宅是男人活动及接待宾客的场所，最豪华的场所是外宅的厅堂，堂对宅门中门，堂后门内为寝室，即内宅，是女人接待宾客的场所。以堂和寝为主体围成大院落。六品以下及庶民住宅基本相同，大门阔一间，深两架，堂阔三间，进深上庶民四架，官员五架，这些在唐《营缮令》中都有规定。

唐朝士大夫阶层文人、画家，往往将情感寄托于"诗情画意"的山水之间，他们的思想影响了造园的理念和手法，在宅院中营造私家园林蔚然成风。诗人白居易在洛阳建造宅院，全院占地17亩，房屋面积占三分之一，水占五分之一，竹林占九分之一，园林叠山造水，楼台亭阁，水中堆土成岛，全园以水和竹为主，模仿自然，将自然山水浓缩于庭院之间，富有诗意。自南北朝至盛唐，文人雅士偏爱欣赏奇石，叠石为山成为园林必不可少的主角，尤其苏州太湖石最受欢迎，旨在营造咫尺山林的意境。总体来说，园林在隋唐时期发展突出，不断普及，造园手法技艺及营造的艺术效果都处于成熟阶段。

唐中叶，北方战乱频繁，民不聊生，特别在安史之乱后，大量百姓、官员及士大夫为避战乱纷纷南迁。这次南迁比以往规模更大，迁入最多的为三大地区：一是江南地区，包括长江以南的江苏、安徽及浙江；二是江西地区；三是淮南地区，其后迁入福建。此次南迁又一次促进民族文化大融合，北方先进的生产技术进一步影响南方，促进南方各行业的迅速发展。建筑更是如此，当时北方大部分民居为夯土墙垣，上加木屋架及瓦片，或铺盖茅草，而南方更多的是茅草屋顶，防水性差，易发生火灾。在此次大融合中北方的烧瓦及烧砖技术南传，对南方民居中瓦的推广和使用起到了推动作用。而在唐末至五代，南方较大城市成都、苏州、福州等相继用砖甃城，砖在这一阶段南方其他城镇也得到广泛应用。

总之，隋唐时期，建筑在南北朝基础上与各种装饰更好地融合，建筑材料种类广泛，应用技术达到空前成熟阶段。建筑总体风格规模宏大、气魄雄浑、格调高迈。

到了宋代，中国居住建筑在唐代的基础上更趋成熟。虽其建筑体量及规模比唐朝小，但其风格比唐朝更为秀丽、绚烂而富有变化。此时建筑构件进一步标准化，各建筑施工工艺方法以及工料估算等都有明确规定，既提高了设计水平及质量，又提高了施工速度及效率。

贵族官僚住宅外部建立乌头门具有独立的门屋，门屋和主要厅堂基本形成中轴线，住宅采用多进院落，四合院形式居多，在院落周围增加住房，以廊屋替代回廊，使四合院的功能和形象发生变化，宅中建有楼阁，楼阁上使用平座，屋顶形式多是悬山式，其上装饰有屋脊兽和走兽。古代等级制度严格，北宋规定除官僚府邸和寺庙宫殿外，其他建筑不得使用斗拱、藻井、门屋及彩绘梁枋。另外，建筑台基高低也表现出等级的差异，在住宅中，重要地位的厅堂处于全宅最高位置，这是对汉、唐住宅规制的进一步继承。

在民居方面，民居总体较简朴，建筑布局上形式自由，规模大小不一，小型三五间，较大十数间，多以围墙围成院落，小型住宅多采用长方形平面，基本有一字形、工字形、曲尺形和丁字形，其中工字形为多数，其梁架、栏杆、楞格、悬鱼、惹草等都朴素灵活，屋顶多用悬山或歇山顶，茅草屋和瓦屋相结合，而茅草屋占多数。这在宋朝画家张择端《清明上河图》中充分体现出来。

（四）元明清时期民居

宋朝之后的元朝，是由蒙古族建立的一个王朝。蒙古族逐水草而居的生活方式，在一定程度上限制了其建筑的多样性；加之，元帝国重武轻文，统治时间短暂，不过百余年，所以并未形成完整的住宅制度体系，其住宅形式大多是继承宋制。因此，在这一时期，建筑没有明显突破。

明朝以后的清朝，在文化上尊重汉学，在建筑上则基本继承明朝的建筑形制，最具代表性是清代帝王入住明代帝王所建的北京紫禁城就是很好的例证。所以在中国传统建筑发展史上，明朝应是最后一个高峰。

明朝时期，城市数量比前代有更大的发展，城市更加繁荣，因手工业、商业及交通发达而形成的城镇得到进一步发展。住宅规模比以往明显扩大，类型丰富，并完善成熟。

明朝住宅的等级制度更为完善和详细，住宅制度的规定集中在《明会典》及《明史·舆服志》之中，其内容经过几次修改，其中洪武二十六年（1393年）对住宅的规定最为详尽，且具有承前启后的作用，特色较为鲜明。明朝住宅等级制度规定："一二品厅堂五间九架……三品至五品厅堂五间七架……六品至九品厅堂三间七架……功臣宅舍后留空地十丈，左右皆五丈，不许挪动军民居址，更不许宅前后左右多占地，构亭馆，开池塘，以资游眺。""庶民宅舍不过三间五架，不许用斗拱，饰彩色。"建筑住宅共划分五个等级，分别是公侯、一二品、三至五品、六至九品及庶民。其规定比唐朝更严格，但总体住宅规模比唐朝大，即使间数相同，但架数有所增加，即室内空间更高大宽敞。

明朝中后期，制度较宽松，建筑技术明显提高，住宅出现新特色。建筑形式更加丰富多彩，主要有北方四合院、窑洞、南方院落式，另外如干阑式、穿斗式及园林住宅等，已逐步定型成熟。

北方住宅以四合院为代表，其格局为一个院子四面建有房屋，通常由正房、东西厢房和倒座房组成，从四面将庭院合围在中间，故名四合院。院落规模包括一进院落、二进院落、三进院落、四进及四进以上院落。建筑布局以南北纵轴对称布置，大门基本位于东南部，进入大门迎面有影壁，起到装饰遮挡作用，向西转至前院（外院），再进入前院纵轴上的垂花门便到达内院。内院面积最大，是整个建筑的核心部分。由于北方比较寒冷，屋顶和墙壁都比较厚重，有利于御寒保暖，而且一般对外不开窗。院内种植花草，较大的四合院还在其后部或左右边开辟园林。

以秦岭及淮河流域为界，其南部的南方民宅也大多是以封闭院落为单位，沿着纵轴布置，但不限于南北坐向。大型住宅中央纵轴上建有门厅、轿厅、大厅及住房，左右纵轴布置有客厅、书房、住房、厨房、杂物间等，形成左中右三组纵列院落组，每组之间设置前后交通线夹道，具有巡逻和防火作用。南方属于亚热带和热带地区，为减少太阳辐射及达到通风散热的作用，都采用高墙，同时在院墙和房屋前后开窗，建造外墙及屋顶结构较北方薄，有些住宅还在左右和后部建造园林花园。江淮一带住宅外观多以白墙灰瓦相结合，色调素雅纯净。

窑洞式住宅大部分位于黄河流域中部，集中在河南、山西、陕西、甘肃等省的黄土台地。窑洞住宅一般有两种：一种是靠崖（山）窑，依靠天然崖壁开凿横洞，在洞内加砌砖券或石券，起到加固作用；另一种是在平坦的冈上，挖掘长方形平面深坑，在坑面挖凿窑洞，称地坑窑或天井窑，并通过各种阶梯通往地面。还有在地面上用砖、石、土坯建造一二层的拱券式房屋的锢窑，数座锢窑相连形成锢窑窑院。

明代住宅类型丰富多样，除了上述几种，还有山地住宅，利用地形高低建造成高低错落的台状地基，再在其上建造房屋，结构为穿斗式结构，悬山或歇山式屋顶，建造外观灵活多变、朴素富有生气。广西、贵州、云南、海南等少数民族聚居地区，则采用底层架空的干阑式住宅。还有客家住宅，主要分布于福建西南部及广东、广西北部，由于客家人是聚族而居，因此产生巨大的群体住宅，主要有院落式住宅（围屋），前方后圆，还有平面是圆形和方形的砖楼和土楼两种。另外还有江南明清时期创造的私家园林，园内山重水复，修竹与繁花相依，亭榭错落有致，以象征的手法再现自然景象，巧妙运用建筑、水体、山石、植物、书法及绘画等多种造园要素，使园林艺术水平达到了前所未有的高度，标志着私家园林无论从设计理念到设计手法都走向了完全成熟。

第二章　中国传统民居形态与自然环境的适应

第一节　中国传统民居形态与气候环境的适应

一、降水量因素的影响

各地降水量的大小会直接影响到中国传统民居的形态，而反映最明显的就是主要用于排水的建筑屋顶的形式。

由于当时屋面材料和技术的限制，传统民居屋顶多采用以疏导为主的自然排水方式，所以降水量因素对屋顶形式的影响直接表现在屋顶的坡度上。一般来说，分布在降水量较多地区的传统民居，屋顶坡度大，此利于泄水；反之则屋顶坡度小，这在大量的传统民居实例中可得以验证。

倘若将我国按降水量多少划分为几个区域，便可明显看出降水量因素对屋顶形式的影响。在湿润地区，如南方地区，降水较多，年均降水量都在 1000mm 以上，故这里的建筑屋顶坡度一般都很陡；在半干旱地区，如河北西部、辽西和黄土高原地区，降水较少，年均降水量都在 600mm 以下，房屋出现了略呈圆弧形、单坡和缓坡顶的屋顶形式；而在新疆吐鲁番盆地等干旱地区，降水量极少，房屋多数是用土坯砌筑的平顶住宅，可利用屋顶做活动平台等。其次，各地降水量的多少对外围护墙的构筑与防护也有很大的影响，如在墙体材料的选择上，在干旱地区或半干旱地区出现大量的以防水性差的土构筑外墙的传统民居形态，并不需加设墙体防雨构件；而在南方多雨地区，民居多采用防水性较好的材料，如砖石等做外围护墙，即使有时采用土墙等也都会做一定的抹面处理，并将土墙筑得比较低矮，同时用探出檐的屋顶加以防护。多雨地区外墙防护常采用的构件形式有深挑檐、悬挑、腰檐和重檐等，以防雨淋湿墙面以保证墙体的坚固耐久，这些不同的处理方法，也形成了多雨地区传统民居所特有的一些形态。

另外，降水量的多少还影响到建筑地面的处理，特别是在多雨地区，传统民居要采用提高房基、铺设防水、防渗性能较好的地面材料及将底层架空等构筑措施来防水、防潮。干阑式建筑就能很好地适应湿热气候：底层架空有利于建筑排水、排涝和通风透气，大坡屋顶、深远的挑檐及重檐有利于遮阳。傣族民居的干阑式建筑因气候差异出现的形式微差更加印证了建筑形式对气候的适应性。

二、温度和湿度因素的影响

在我国的北方地区，冬季寒冷，虽然各地的寒冷程度不同、时间长短不同，但防寒、保暖都是这些地区传统民居需具备的一个主要功能。为了满足防寒、保暖的需要，建筑物多向院内开窗，其中南窗宽大，以便接收更多的阳光。住宅封闭性较好，房屋进深较小，高度也不大，以紧缩室内空间。室内普遍设有火炕、火墙，屋顶厚度可达 20cm，有吊顶顶棚，形成空气防寒层。寒冷地区的风劲、雪大，厚实的墙体可以抵御寒风，保持屋内暖和。高耸的屋顶不易积雪，利于保护建筑物。

在传统民居中，防寒保暖的构筑措施归结起来有 4 种主要方式：第一种是紧缩平面，降低屋高的方法，以减少外墙的散热面积。所以北方传统民居体形都比较简洁，层高相对较低，如西藏民居的层高仅在 2.2m 左右。第二种是封实的方法，以防止冷风的渗入和热量的散失，如使用好的绝热材料做围护结构、加厚外墙和屋面等。蒙古包便是根据气温的高低通过调整加盖或减少毛毡的层数来适应气候变化的实例。在冬天，有时要包毛毡 4～8 层之多，故在 −40℃ 的冬天里，室内仍可温暖如春。窑洞民居也是尽量减少暴露在寒冷空气中的建筑表面积，同时利用地热保持冬季的室内温度。第三种方法是尽量多地吸收太阳的辐射热，因此北方传统民居常坐北朝南布置，且在南向开大窗以增加日照。最后一种方法是运用各种采暖的方法，如火炉、火墙、火炕、火地及壁炉等形式，这些采暖形式也会影响传统民居的形态。

而我国南方地处亚热带与热带地区，气候湿热，四季都无极端寒冷的天气，故这里的传统民居主要是考虑夏季气候条件进行构筑的。湿热地区的夏季气候特征表现为雨量大、湿度高、气温高、太阳辐射热强，在这里建造民居需要最大限度地遮阳和最小限度地吸热。在温度日差变化不大的情况下，贮存热量是无意义的，而且厚重的墙体也妨碍通风，所以湿热地区建筑的建造要求是保障遮阳、隔热和通风。

在传统民居中，遮阳和防雨构件常常是结合起来设置的，如前面所述的出檐、悬挑等防雨构件形式同时也起到遮阳的作用。隔热的原则与保暖方式相类似，只是热源在室外，而非室内，想要切断的热流方向也正好相反。传统民居解决隔热的方法也有很多，如采用双层屋面或空斗墙利用两层间夹的空气来起到隔热的效果；阁楼本身也是利用屋面与顶棚间的空气层进行隔热的。另外，还可以通过减少开窗的数目和开高窗的方法避免地面热辐射进入室内；而将建筑粉刷成白色或其他浅色以最大量反射掉辐射热，也是一种有效的方法。

通风是南方地区传统民居散热、降温的基本方法，它要求建筑开敞。在南方湿热地区的传统民居积累了许多通风的经验，如南方传统民居厅堂一般都力求高大和宽敞，前后留有活动门扇或做无门扇的敞厅，尽量设置天井以便形成穿堂风。另外还有一些方法可增加建筑的开敞程度，如屋面开气窗、设风兜，山尖、檐下留通风口，做双层屋面和通风屋脊，屋内设楼井、活动门窗等，处处争取有顺畅的通风。如江浙和广州地区，夏季闷热潮湿，对换气通风的要求很高，所以这些地区的传统民居建筑的门窗几乎都采用低的槛窗或长的格扇窗且开窗面积较大；朝向庭院一面的开间往往都是由可完全开启的门扇围合而成，可根据采光或通风的需要任意开启，使天井内新鲜的自然空气和室内空气频繁交换，起到换气降温的作用。此外，将底层架空也是加强建筑通风的一种方法，如傣族竹楼和侗族的干阑建筑。

湿热地区的传统民居建筑墙体相对单薄，门窗都开得较大，利于通风散热，可以保持屋内干爽。另外，湿热地区雨水多，所以要有较完备的排水系统。

三、风速的影响

风、湿度、温度等气候要素常常综合影响建筑的形态。

在湿热地区，风是很受欢迎的有利因素，它可以增加空气对流，促进人体表面与空气的热交换，并且加速人体的蒸发散热，所以南方传统民居中会采用许多通风的方法，如广州传统民居有架空屋面的做法，即上下两层瓦之间形成架空层，起到隔热和通风的作用；而云南"一颗印"由于地处高原地区，日照好且多风，传统民居常外围高墙且多不开窗或开窗面积很小，用厚实的土坯砖或夯土筑成，或采用外砖内土的形式，俗称"金包银"，形成紧凑、封闭的外观，厚而高的院墙既抵御了冷风的侵袭又阻挡了夏季强烈的日照，院内光照充足且空气流通也很好，因此建筑内侧通透，均向庭院内采光通风。而在寒冷地区，为了避免西北风的直吹，北方传统民居常采用一些方法阻隔风的影响，如北京四合院内设立的影壁。宅院内的影壁基本上有两种形式：一种是独立于厢房山墙或隔墙之间的独立影壁；另一种是在厢房的山墙上直接砌筑出影壁形状，使影壁与山墙连为一体成座山影壁形态。从生态角度考虑，影壁起到了屏障街巷风对庭院直接吹袭的作用，使四合院内部能够保持相对稳定的小气候环境。

　　我国传统民居的防风区域分布及其防风对象，主要是沿海地区的台风袭击和北方地区冬季西伯利亚的寒潮侵袭。北方地区因为气候寒冷，主要考虑冬季防寒和防风问题，对空气流通要求不高，故开窗为"三封一敞"，即东、北、西三面不开窗，只在南面开窗和开门。北方地区防寒防风的措施有两种，第一种是采用"阻"的方法，其具体方法为：北墙一般不开门窗或开小窗，或者根据季节的变化，在冬季把北窗洞堵塞住，以防北风吹入；在外房门添设"风门"，防止冷风的直接吹入；青海的传统民居庄窠则建筑高而厚的土墙封实，而窗则开向内院。另一种方法是尽量减少迎风面，如山地传统民居构筑地点往往选在向阳的坡地，使南立面加高，而北墙低矮，以减少寒风的袭击。另外，建筑形体的处理也可减少迎风面，以防强风对建筑的破坏，如蒙古包的半球形屋顶便是一个极成功的防风构筑形式。

　　在沿海地区，台风对建筑具有破坏性，如浙南地区夏季多台风，台风伴随着强风与暴雨，对建筑立面、屋顶产生巨大的风压负荷，强大的压力使建筑稳定性较差的一侧产生变形，严重时可致建筑坍塌。因此沿海地区的传统民居从结构与构造上都要考虑防风的问题。所以沿海传统民居建筑形态一般为：屋顶坡度较小，屋面少出檐甚至不出檐或密封檐口等；屋面用砖、石加压或用特制厚瓦，瓦下和瓦间填入灰浆黏固；而墙体多采用厚墙、实墙等。此地区传统民居为穿斗式木结构，建筑主体由多片穿斗式木构架与其之间的横梁组成，平面形制多为对称的一字型，有三开间、五开间、七开间等。此种穿斗式木构架在建筑纵向面上稳定性较好，而在建筑横向面上仅依靠少数横梁连接，结构稳定性弱。当山墙面受到台风风压与暴雨复合压力的作用下，建筑易左右摇晃，产生安全隐患。因此浙南地区传统民居通过在山墙面上加建与山墙垂直的穿斗式木结构，来提高建筑横向稳定性和防台风性能。在此结构上设披檐，既可防雨，增加山墙的使用寿命，又可遮阳，减少因西墙西晒带来的建筑损耗。

四、日照的影响

　　日照通常是和建筑朝向联系在一起的。中国在建筑方位上讲求坐北朝南，主要是由于我国位于北半球中纬度，阳光大部分时间都是由南向北照射，尤其在冬天，太阳辐射热更有价值，故以坐北朝南为最佳选择。

　　在北方寒冷的冬天，太阳辐射热是备受欢迎的。故北方传统民居坐北朝南布置时，宽敞的院落可吸纳充足的太阳辐射热，同时建筑的南侧开窗极大，尽管这样的开窗方式会造成一定的热损失，但这部分热损的总量小于吸收的热量。由于太阳高度角小，为了吸纳更多太阳辐射热，避免院墙过高而遮挡阳光，北方传统民居院墙高度一般不超过屋脊高度。利用太阳高度角的这一特点，仅在北方地区出现，如北京四合院建筑结构布局在冬季有效地利用了太阳能采暖和抵御北风侵袭，同时屋顶设计也避免了夏季室内过热。而贵州等山地传统民居建筑则沿山地等高线布置，以适应地形环境为主，并不十分注重朝向，这是因为当地多雾，阳光辐射的影响较小。

关中地区夏季西晒严重，民居屋面半边盖，房屋后墙不开窗，高高的后墙刚好作为院落的围墙，屋脊高度即院墙高度，一般可达 6～7m，既可防止冬天寒风的吹入，也可遮挡夏季强烈的西晒。

在炎热地区，人们一般是不喜欢辐射热，因此要力求避免太阳的直接辐射。由于南方地区太阳高度角大且夏季日照辐射强烈，一般民居院墙皆高出屋脊，这样对夏季防热起到一定作用，如傣族民居就其整个体形来说，屋顶已占据了二分之一。屋顶硕大、屋檐出挑深远的原因除使排水顺畅之外，对遮挡阳光也是十分有用的。大挑檐的处理使得住屋较长时间处在阴影笼罩下，大大减少了阳光直接照射墙板的时间。除此之外，为尽量减少照射面积，居住层墙面还做了由上至下稍微内收的倾斜处理，降低因外墙面照射升温后对室内温度的影响，同时为了减少环境辐射的影响，傣居的居住层墙面开窗很少，有的甚至不开窗。尽管这样的做法会使室内光线变暗，但从遮挡室外辐射的角度来看，却起着相当重要的作用。傣族传统民居这一套完整的构筑方法，形成了适应环境的自防热体系。而浙江传统民居布局一般较为紧凑，且为了避免夏季阳光直晒，建筑外墙上的窗户距离地面较高且开窗面积较小，而建筑内部的门窗尺度则较大。建筑注重遮阳及隔热，多采用出挑很深的檐部。此外，民居外墙多采用空斗墙，既能减少阳光辐射，又可隔绝空气热量。

第二节　中国传统民居形态与地形环境的适应

一、临水

从地形地貌来讲，临水的江南地区主要由平原、丘陵、水网构成，其境内水网纵横，主要由长江、太湖两大水系构成。从气候来讲，江南地区地处亚热带，主要受到冬夏季风的影响，属于典型的亚热带季风气候。从热量、降水、日照等气候要素看，江南地区独特的气候特点对于其地理环境与建筑特征的影响无疑是巨大的。其气候特点主要表现为以下几个方面。

①热量充足，冬温夏热。由于纬度较低，加之海洋和众多水系的调节作用，热量条件较为优越。

②降水丰沛，雨热同季。深受从太平洋吹来的东南季风的影响，降水丰沛。夏初的梅雨和夏秋的台风雨是主要的两段降水集中期。

③气候四季分明，冬夏长、春秋短，各具特色。在江南具有代表性的地区——苏州，春季呈现"桃红柳绿菜花黄，江南一片好风光"的地形地貌。夏季，特别是梅雨过后的伏旱，是一年中气温最高的时段。秋季气温适中，秋高气爽，丹桂飘香。冬季，随着寒冷干燥的冬季风的南下，呈现出温和少雨的天气特征。

（一）江南水乡传统民居总体布局形式

江南古镇的建置因水而成。江南地区河网稠密、港巷纵横，与河网的依存关系决定了古镇的建置特征为因河成街和因河成镇。古镇的布局依照河流的走向形成，大致可分为带形、十字形、星形和团形4种。

江南水乡居民的传统建筑在单体上以木构一、二层厅堂式结构住宅为多。为适应水乡的气候特点，住宅布局多采用穿堂、天井、院落的形式。建筑构造为瓦顶、空斗墙、观音兜山脊或者马头墙，形成了高低错落、粉墙黛瓦、庭院深邃的建筑群体风貌。

同时，小巷、小桥、驳岸、踏道、码头、石板路、水墙门、过街楼等富有水乡特色的建筑小品，也组成了一整套水乡人与自然和谐相处的良好居住环境。

1. 带形古镇

带形古镇是以一条明显的主河道为主轴，平面形态呈一字长蛇形的古镇。古镇主要的商业及活动场所沿河而建，形成带形古镇的基本空间脉络，通过河、街、房的平行布置，形成虚实相间的线型空间。再以线型空间的并列和强化，形成古镇沿河地带强烈而独特的线型肌理。较为典型的带形古镇实例是乌镇。

乌镇临河吊脚水阁楼传统民居的形式为：水阁挑出河沿，下部以木柱或石柱支撑，充分占领水面以减少陆地上土地的占用，即所谓的"占水不占地"。因为在古代，河面没有陆地管理的严格，且靠近河边的人家多备有小船，在住房上搭起水阁，屋下留一个泊船的地方，不仅沿河有石阶入水，而且水阁楼上还开启着尽量接近水面的长窗，充分体现了水乡居民的亲水情结。

2. 十字形古镇。

十字形古镇是以两条纵横交叉的河道为轴向四面发展，平面形态呈十字形的古镇。十字交叉的十字港或十字街是全镇的中心，古镇沿交叉的道路或河流向四面延伸。

南浔是典型的十字形古镇。南浔位于河网密布的江南水乡，建筑多以传统民居为主，整体气质灵秀平稳，以水路为脉络，外环内绕。古镇内河港交叉，构成十字河道，临水成街，因水成路，依河筑屋。

3. 星形古镇。

星形古镇是以多条河道为轴进行城镇建设发展，主次不太明显，平面形态呈多触角式向外伸展的古镇。镇的形态以多条河道的交汇点为中心，呈放射状。江南六大古镇中面积最大的西塘古镇就属于这一类型。

西塘古镇地势平坦、河流纵横，自然环境十分幽静。古镇依河而建，主要的十字河道成为全镇的骨架，南北向称三里塘，长830m，最宽处约22m；东西向的西塘港长1200m，宽20m，其他河道都交汇于这两条主河。

4. 团形古镇。

团形古镇是河道呈网络状、平面形态呈团状的古镇。古镇内的道路、河流走向常常随势而弯，并不规范笔直，故而古镇纵横交错的街道、河流分割，呈现出密网式的团形布局。

团形古镇一般规模较大，水陆交通特别方便，经济相对发达。江南六大古镇之首，有"江南第一古镇之称"的周庄就属于这一类型。周庄四面环水，犹如浮在水面上的一朵睡莲，北有宽阔的急水港、白蚬湖，南有南湖与淀山湖相连。南北市河、后港河、东漾河、中市河形成"井"字形，沿河两侧顺延成8条长街，粉墙黛瓦、花窗排门的房屋傍水而筑。镇内有河有街也有桥，周庄桥是其特色之一。

（二）临水传统民居单体建筑形态与环境

沿河的区域，特别是在河道密布、溪流纵横的江南水乡，如何结合水体获取舒适的生活环境，是传统民居需要解决的重要问题。

众所周知，水是人类赖以生存不可缺少的重要物质，而生活在临水的环境，居民用水很方便，所以许多村落都是沿河发展起来的。无怪聚落地理学者一般都认为沿河的区域，往往是人口密度较高的地方。尽管临水环境会受到被洪水淹没的威胁，但采取一些特有的建筑构筑方式可以有效地适应这种环境。南方一些丰水地区的传统民居，在结合水体设计建造方面积累了丰富的经验，可归纳出5种类型。

1. 顺河岸而建

江南水乡传统民居大多沿河岸而建，故有"家家尽枕河"的特有城镇风貌。由于居民都希望沿河岸盖房子，所以有时一户只能占有较短的河岸线，于是便形成了纵向和竖向发展的建筑构筑方式。此类建筑一般楼下为起居室，楼上做卧室，建筑布局十分紧凑。

另外，有些沿河民居为了与河岸线统一协调，将建筑外墙顺河岸做成锯齿形或曲线形，如鄞州保存较完整的凤岙村古建筑群，其沿溪而建的两条凤岙老街，呈现出丁字形，并出现双街临河、前街后河的建筑风貌，其中清代或明代建造的以木结构为主的老房子沿凤岙溪及其支流呈丁字形伸向远方。

2. 伸入水中

传统民居建筑的一部分延伸至河面，以争取更大的使用空间以及取得良好的通风效果。这种与水面结合的具体构筑方法有两种：一种是出挑。临河民居向水面出挑的方法很多，最简单的就是挑出一个平台或几步踏步；也有的是挑出靠背栏杆，以便夏季乘凉、冬季晒太阳；有时整栋房屋向河面挑出一段，挑出方式多数是用大型条石悬臂挑出。出挑较大者可以成为房屋空间的一部分，出挑小者则可以作为阳台或檐廊使用。

另一种是采用吊脚楼。这种临水建筑的做法是利用木梁向河谷水平挑出，挑出大时再加以直柱或斜木支撑，可以节省房屋基地面积，且凌空架设通风也特别好。一般吊脚楼层高较低，外墙用竹笆抹灰或席子等较轻型材料用细木支架在水中。由于支柱截面小且呈圆形，同时承受上部屋宇荷载，因此不易被水冲毁。吊脚楼与出挑形式相仿，也是房屋的一小部分悬于水面之上，只不过后者悬伸而出的部分，下面用木或石柱等附属物件支撑。

凤凰古城吊脚楼大多分两层或三层，因为它的二、三楼和前檐部分用挑梁伸出屋基之外，形成了悬空吊脚，故称为吊脚楼。吊脚楼依山而建，后半部分靠山，直接落于地面；前半部分则以木柱支撑悬起，三面有走廊，悬出木质栏杆。木桩上都刷有防潮的桐油，并且加固在石头上，每隔几年还会定期更换，所以非常坚固。吊脚楼的每一层功能都不同：上层储谷，中层住人，下层围棚立圈，堆放杂物和饲养牲畜。吊脚楼为歇山顶、穿斗式木构架干栏建筑，一般用青瓦覆顶，也有用杉木皮盖顶的。

乌镇是典型的江南水乡小镇，它的水阁和许多江南水乡小镇一样，街道、民居皆沿溪、河而造。乌镇与众不同的是沿河的民居有一部分延伸至河面，下面由木桩或石柱打在河床中，上架横梁，梁上搁木板，人称水阁。水阁是真正的"枕河"，三面有窗，凭窗可观市河风光。从某种意义上来说，水阁是乌镇的灵气所在，有了水阁，乌镇的人与水更为亲密，乌镇的风貌更有韵味。水阁正是乌镇的魅力所在。虽然经历了两千多年的岁月沧桑，却完整地保存着晚清和民国时期水乡古镇的原有格局和风貌。

3. 跨流而建

此类传统民居建筑的构筑方法有两种：一种是将建筑横跨在河的两岸之上，水从建筑下方流过；而另一种则是将底部架空或使用一部分，而让溪流从建筑中穿过。这种民居有时和桥结合在一起，也具有通行的功能。

4. 水上民居

这是在水中用木柱支撑的一种简易房屋，可以说是临河建筑的一种特殊类型，俗称水棚。水上民居多设在江河内湾或小溪侧边，用木板架成 $80\sim150cm$ 宽的水上街道，街道由岸边向水面伸出，长可达 $200\sim300m$，渔民小船可直达住宅门口。

5. 退让式

以退让式布置临水房屋时不求规整，不求紧凑，而应因势赋形、随宜而治、宜方则方、宜曲则曲、宜进则进、宜退则退，不过分改造地形原状。所谓"后退一步天地宽""以歪就歪"，即对自然环境条件采取灵活变通的处理方法，让出背山面水、向阳开阔一面作为院坝或道路，为求得环境和谐而采用的一种相互避让的设计原则。

（三）水乡传统民居特色

1. 水乡传统民居特有的平面特色

为了使更多的人家可以临水而居，江南水乡传统民居都是纵向扩展，而极少横向扩展，并且在纵向扩展中，房屋的开间往往只有一间，形成单开间多进式的传统民居形式。缘水而筑、与水相依，并"贴水成街，就水成市"。因为水乡可建宅的土地面积很小，临水部分面积则更少，因而有"寸土寸金"之说，所以民居的规模不可能过大。这就导致庭院空间也因建筑占地面积的狭小而只能做成天井形式，天井是水乡民居纵向空间序列中不可缺少的元素。

2. 临水传统民居布局特点

（1）网状布局

曲折迂回的河流相互交错，将村镇分隔成若干块，各地块之间通过大量的小桥联系。河流与建筑虚实变化，形成家家户户临河的格局。

（2）背山面水

村镇既临近水源，又地势高爽，可避免河道涨水被淹。建筑均规划布置在阳坡，避免处于山阴部分，夏日接纳南风，冬日接纳阳光，并用山来遮挡北面吹来的寒风。

（3）沿河线性布局

主要有两种布局形式：一种是村镇沿河流的方向发展，通过多座桥梁来联系两岸；另一种是村镇沿主要道路发展，通过陆路交通的便利带来村镇的繁荣发展。

（4）两侧临水

村镇常常选址在河流转弯处或两河交汇处，形成更大的亲水面，取水更加方便，水路交通联系更加紧密。

（5）沿等高线带形布局

山地建筑沿等高线布置可减少土方量，离山下水源比较近，使交通、取水更加方便。

（6）放射性布局

河流汇集处作为交通枢纽，成为村镇最繁华的地方，民居建筑围绕这个最热闹的中心区向四周发散。

3. 江南水乡建筑形象特点

由于南方气候的炎热和潮湿，江南传统民居多设计为墙壁高、开间大、前后门贯通、便于换气的二层楼房，底层是砖结构，上层是木结构。南方地区地形复杂，住宅院落很小，四周房屋连成一体，组合比较灵活，适合于南方的气候条件和起伏不平的地形。江南水乡房屋的山墙多是马头墙。在古代，人口密集的一些南方城市，这种高出屋顶的山墙，确实能起到防火的作用，同时也起到了一种很好的装饰作用，如今这种马头墙已经成为江南乃至中国建筑的一大特点。南方一年四季花红柳绿，环境颜色丰富多彩，传统民居建筑外墙颜色多用白色，利于反射阳光，建筑粉墙黛瓦，颜色素雅一些，特别是在夏季能给人以清爽宜人的感觉，让人们在炎热和烦躁中平静下来。再者，南方水资源较为丰富，小河从临水建筑的门前屋后轻轻流过，取水非常方便，可直接用来洗涤，且水又是中国南方传统民居特有的景致，水围绕着民居，民居因水有了灵气。

江南传统民居总的面貌是：平房楼房相掺，山墙各式各样，形成小巷和水巷，驳岸上有高低起伏、错落有致的景观，建筑造型轻巧简洁，虚实有致，色彩淡雅，因地制宜，临河贴水，空间轮廓柔和而富有美感。因此，常被人称之为"粉墙黛瓦"

"小桥流水人家"。可能许多人一想到江南传统民居就会单单与太湖周边城镇的水乡民居相联系，如苏州的周庄，其实江南传统民居不仅仅只包括太湖周边城镇的水乡民居，还包含分布于广大江南地区村落中的乡土传统民居，其建筑特点与城镇水乡民居基本相同。

4. 水乡传统民居取材特点

江南传统民居的建筑材料大都选用当地盛产的竹、木和砖石，就地取材，价廉物美，属于低能耗的建材。这些材料色泽淡雅宜人，易形成"粉墙黛瓦"、别具一格的视觉效果。从木构架用料来看，江南传统民居主要选择当地优质木材，先经过干燥处理，再利用松节油、蓖麻油和樟脑油做防腐防虫处理，在一定程度上解决了木材易腐蚀的问题。从屋面的用料来看，建筑多用青瓦相扣铺就，对防漏的砌筑技术要求很高，瓦片较北方地区薄。从墙体用料来看，江南传统民居外墙多采用砖砌空心墙，也有用木板围就的，砌筑时与木构架间留出空气层，以隔离外界传热和室内散热，既可保持室内温度，又提高了居住环境的舒适度；室内分隔墙则采用芦苇编篱为支撑，表面敷以石灰和素土来防蛀。从铺地的用料来看，采用青石或用三合土掺野藤汁铺就，夯实后既坚固又能防潮和防白蚁。此外，还有铺地的防潮措施，即用装满石灰和木炭的瓷坛，倒置深埋地下。

二、山地环境

（一）建造方法

传统山地民居正是因地制宜建房而显现出多姿多彩建筑形态的一种建筑形式。这类民居的构筑形式自成一格，和谐而严谨，形成12种适应地形的常用手法，即台、吊、坡、拖、梭、靠、跨、架、错、分、合、挑。在塑造地形与建筑空间形态上体现出"借天不借地""天平地不平"的特点。"借天不借地"即指在起伏地形上建造房屋应尽量少接地，减少对地面的损害，力求开拓上部空间，如吊脚、架空等建筑形式。"天平地不平"即指房屋的底面力求随倾斜的地形变化而变化，减少改变地形，尽量采用错层、掉层、附崖等建筑形式。

我国传统民居在结合山地地形上积累了许多宝贵的经验，其立足点一般不是偏重于改造，而是因借。无论是岗、阜、谷、脊、坎、坡、壁等都因势利导，化不利为有利，顺其自然而建，产生了许多与各种复杂地形相适应的形态。下面对这些构筑方法进行分述。

1. 依坡法

在缓坡地上建房，可尽量不动天然地表，建筑往往顺着自然坡度而建，可通过在室内地坪上调整高低，或利用层层相套的院落来调整高低，使建筑的外观与坡地协调。

浙江传统民居多利用山坡河畔而建，既适应复杂的自然地形、节约了耕地，又创造了良好的居住环境。根据气候特点和生产、生活的需要，住宅普遍采用合院、敞厅、天井、通廊等形式，使内外空间既有联系又有分隔，构成开敞通透的空间布局。在形体上合理运用材料、结构以及一些艺术加工手法，给人一种朴素自然的感觉，如兰溪诸葛村的村落选址及其建造很符合堪舆学所倡导的居住理念，"枕山、环水、面屏"的地势正是人们普遍认同的风水宝地的最基本条件，至今这里仍保持了数百年前的地形地貌。

2. 屋面延伸法

当坡度较大时，建筑基地可采取分级处理法，而屋面则顺坡而下。这时，在长坡屋上通常用气窗、天井和明瓦来解决通风和采光问题。

3. 拖檐法

厢房较长时可以分几段顺坡筑台，一间一台或几间一台，好似一段拖着一段，每段屋顶和地坪都在不同标高上，有的层层下拖若干间。也可以保持各间地坪标高相同，而前段屋顶高度逐间降低，这种拖法叫"牛喝水"，也称为拖厢。有的房屋将后檐随进深拉长，甚至顺坡延展覆盖到紧邻的附属建筑上，此种屋面做法称为拖檐。

4. 沿坡筑台法

当基地受到坡地限制而面积不足时，为拓展台地，采用沿坡筑台法将山坡沿等高线整理成不同高度的台地，采用毛石或条石砌筑堡坎或挡土墙，形成较大台面，可直接作为地基在上面建房，也可作为院坝等场地使用。垒台的方法一般有挖进式、填出式和挖填式3种。根据不同地区的特点，选用的筑台形式也不同。在坡度较大的地段，形成高大筑台，特别壮观；而坡度较缓时，采取半挖半填的方式，土石方量基本平衡，十分经济。

贵州山区传统民居多采取挖填法，因为这里山上覆土较少，而岩石多为石灰岩，硬度适中，易于开采，材质也较均匀，是一种宜于就地取用的好材料。因此，当地建房多就地取自家屋基范围内山坡岩层中的石块，这样不仅平整了部分建屋地基，同时采出的岩石就是就地取材的建筑材料，而采石时的碎渣可以铺填方区域，这样就取得了较为完整的建屋台地。

而甘肃藏居一般采用挖出式，用挖出的土砌筑民居的墙壁和屋面，并可利用一面土壁作为房屋的墙壁，既减少了砌墙土方量，又可保暖节能，因坡就势。

另外，沿坡筑台法也可以将建筑分层建在几个不同的台地上，与地形密切结合。

5. 错开法

为适应各种不规则的地形，房屋布置及组合关系在平面上可前后左右错开，在竖向空间上可高低上下错开。有时台地边界不齐，房屋以错开手法随曲合方，或以方补缺。这种前后错、上下错的机动灵活的设计手法往往使建筑组群产生错落有致的美感。

6. 支吊法

这种方法多适用于陡坡或岩壁等一些复杂的地形上，建筑出挑很大，下面用木柱支撑伸出的楼面。如重庆山地民居就常用吊脚楼的形式，在陡坡地，甚至能在几乎垂直的陡坡上架立房屋，形成独特的风格。而桂北山区民居也有类似的方法，采用底层架空，或利用一面崖做成"半面楼"的形式。这种下部架空的山地民居，不仅能适应各种复杂的地形，同时也与当地的气候特点相协调，西南地区气候湿热，住宅下部架空可避潮、加强通风，逢有山洪也有利疏溢。依靠崖壁的住宅，不仅省去一堵墙壁，还可利用崖壁的地温在夏季对室内温度起一定的调节作用。

峭壁岩坎地段，房屋或附崖跌下可达2～3层，整个建筑楼面，或大部分建于崖顶平面，少部分悬挑吊脚，均可建造起来。对不规则、不完整、起伏变化大的地形，用调整楼地面比例的手法也能应对自如。从侧立面看，"半边楼"是纵向一半房屋下吊为楼的形式。针对地形现状，可利用不完整地形中某些凸起部位作为依托，设置屋地面部分，而将其余部分，或一间，或半间，灵活地下吊为楼。

7. 干栏式

此种方式与支吊法相似，区别在于吊脚楼是半楼半地，房屋一部分依托台地而建，另一部分呈楼面悬吊而下，是半干栏方式；而架空则为全干栏方式，即整幢房屋由支柱层架托支撑，或高或低把底层架空，如各地的骑楼，采用底层全然架空的形式用于通行，也有利于通风或防潮。

8. 附崖法

此方法建造的建筑紧贴山体崖壁，横枋插入崖体嵌牢，房屋及楼面略微内倾，或层层内敛，整幢建筑似乎靠在崖壁上，所以也称附崖式建筑。此种建筑形式，崖体成为建筑不可分割的一部分，常表现为山崖有多高，房屋就有多高。这种附崖式建筑最典型的代表作就是清代所建的忠县石宝寨，附崖高达12层，迄今仍岿然不动。

9. 岩洞法

利用岩洞空间建房，或将其作为生活居住环境的一部分，与房屋空间结合使用，也是别有洞天。这种进洞的岩居方式在山区曾十分流行，至今还有一些山区人家保持这种居住方式。还有一种形式是沿梯道从外面"钻入"房屋。因台地较高，房屋前的长台阶巧妙地将其直接伸入房屋内部空间再沿梯道而上，形成十分特别的入口形式。

10. 连通式

鉴于山地聚落的自由性和松散性特点，不论宅院组群或场镇聚落，为加强相互间的联系，常采用各种生动活泼、因地制宜的联系方式，如各种梯道、盘山小径、檐廊、桥涵、走道、过街楼等，以形成有机组合的整体。特别值得一提的是，利用小青瓦屋面来连接整个建筑组群是别出心裁的手法。无论多么庞大复杂、自由变化的多天井院落，它们的屋顶总是尽量相互连接成一片，使这些单体建筑或院落，无论个数，也无论规则或不规则，都融合成一个整体。许多大型山地四合院民居都是如此。

（二）接地形式

1. 直接式

直接式山地建筑的地面大部分或全部与自然地表接触，其设计形式有 3 种：其一为倾斜型，通过"加法"提高勒脚，设置建筑于其上。其特征是山体地表基本保持原来倾斜特征不变，建筑坐落于勒脚层之上。其二为阶梯形（台地），通过局部切削，使建筑布局适应山势。阶梯形建筑又可分为 4 种类型：一为错层，同一建筑内部各空间做成不同标高的地面，尽量适应地面坡度变化，形成错层；二为掉层，房屋基地随地形筑成阶梯式，使高差等于一层、一层半或两层，这样不仅避免了基地平整时的大规模动土，同时还形成了不同面层的使用空间；三为跌落，以开间或整幢房屋为单位，顺坡就势跌落，这种手法往往可以创造出建筑屋顶层层下降、山墙节节升高的景象；四为附岩，在断崖或地势高差较大的地段建房，常将房屋附在崖壁上修建，一般也将崖壁组织到建筑中去，省去了一面墙。其三为内侵型，完全通过"减法"挖掘山体，获得建筑使用空间。其特征是建筑整个形体位于地表以内，对于山地地表的破坏相对减少，这种方法对建筑节能十分有利，建筑能获得冬暖夏凉的效果。

2. 间接式

间接式山地建筑地面与自然地表完全或局部脱离，仅以柱子或建筑局部支撑建筑的全部荷载。由于建筑与自然地表的接触部分缩小到了点状的柱子或建筑的局部，因此该类型建筑对地形的变化可以有很强的适应能力，对山体地表环境影响较小。间接式山地建筑根据其在地面的架空程度，又可分为架空和吊脚两种类型。架空式建筑底部与自然地表完全脱离，用柱子支撑；吊脚式建筑底部一部分坐落于地表，另一部分为架空的柱子所支撑，如重庆的吊脚楼民居。重庆多陡坡、峭壁、悬崖、坡地，居民在利用地形、争取居住空间方面积累了丰富的经验，他们巧妙地利用地形，将建筑纳于环境设计之中。吊脚楼在功能上满足生活的要求，在构造上是结合地形的佳作。吊脚楼依山临水而建，在苛刻的自然条件限制下拔地而起，淡薄了正统的建筑观念，也不讲究轴线对称和中心等，随坡就坎、随曲就折，山崖成为楼体的支撑，建筑依坡而建，平面灵活自由，形体错落多变，建筑对内对外均为开敞。内部空间十分紧凑，布置自由，利用率很高。吊脚楼这种随意布置不受任何规矩的约束，道法自然，强调建筑造型与山地空间环境之间的自然平衡，充分利用山地自然空间，形成了千变万化的建筑风格。

第三节　中国传统民居形态与地方材料的结合

一、土筑

土筑墙分为夯土墙、土坯结合墙。夯土墙是中国最古老的墙壁形式之一，历史上在以西安为中心的广大关中地区曾大量使用。夯土是以木框为模，模内放土，用柞分层捣实的做法，又称为"版筑"。一般用黏土或灰土，也有用土、砂、石灰加碎砖或植物枝条的。

（一）生土建筑建造工艺

1. 土壤预处理

生土挖出后需敲碎研细，并放置一段时间使其发酵，提高其合宜性。

2. 混合辅料

建造师一般在生土中加入沙、灰土等以达到最优含水率，也有的加入芦苇、麻绳等植物纤维。夯筑过程中每隔一定距离放入横木或木杆提高其强度，或在横木之间以竹篾或竹片加以连接。在墙体顶部以砖或瓦覆盖，以防止雨水冲刷，同时起到抗风的作用。

3. 密梁夯土平顶

结构主梁上排直径 15～20cm 细檩条，檩上交叉铺设草料或石料垫层，然后筑土顶。土顶夯筑应分多层处理，一般上层土质颗粒较下层细腻。夯筑平实后，需在土顶表面做防水处理（个别地区采用细密的土拌和酥油压实的方法做防水屋顶）。

（二）生土建筑类型及施工特点

1. 夯土建筑

施工中将拌和好的生土填入以木板等固定好的木槽中，用工具夯实，然后拆除下层木板，移至上层固定，如此往复，砌成墙体。夯筑需要多人连续不断地同时操作，在沿所有墙体整个砌筑完一圈后方可停顿，否则会因墙体间相互联系不好而降低墙体质量。夯土墙体厚度一般为 40～120cm。

闽西土楼作为生土建筑，体现了人在利用自然进行发展的同时，尽可能减少对自然的破坏的建造理念。土楼建造不用烧砖、不毁耕地，取之于土，还之于土。具有厚土墙的生土建筑在建筑热工学上有一定的优点，如蓄热能力强、热阻大，因而土楼室内环境冬暖夏凉，无论酷暑严寒，总给人四季如春的感觉。

浙江一带则使用大型夯土块做墙体，土块宽 80～100cm，高 100～160cm，水平方向上相邻两块之间的联系是一块筑好后，再在侧面挖一条凹槽，等第二块筑好后，两块之间就形成了企口缝，而竖直方向板块间的垂直缝则要错开砌筑。夯土墙横向的缝痕加上泥土柔和的色调和质感，形成土墙粗犷、质朴的外观。

2. 土坯建筑

土坯的做法是用泥土加水（有时也加草筋）拌和至糊状，浸泡一定时日后，压实，待蒸发至一定程度后，放入模坯中定型，风干即可。土坯的尺寸不宜过大、过厚。土坯墙的砌筑可采用挤浆法、刮浆法、铺浆法等，不能使用灌浆法。砌筑方法一般为顺砖与丁砖交替砌筑，错缝搭接。每天砌筑的高度不宜超过 2m。

3. 黄土窑洞

洞室拱体多采用直墙半圆拱与直墙割圆拱，也有平头拱等。窑洞跨度一般为 3

~4m，高度一般为跨度的 0.71～1.15 倍，两孔窑间壁一般等于洞跨，以保持土的承载能力和稳定性。下沉式窑洞需沿边先开挖 3m 宽的深槽至 6m 深的预定地面处，修整外侧做窑脸的土壁，待土壁晾干后再挖窑。

（三）土筑围护构件分类

用土做建筑材料建造的住宅是传统民居最常见的形式，形成这一现象的主要原因是土可就地取用、价格低廉、构筑也十分方便，虽有强度不同、易吸水、软化等不足之处，但具有良好的保温隔热性能，所以在全国各地使用十分广泛，特别是在干旱和半干旱地区使用更为普遍。由于土质结构、构筑技艺和生活习惯的不同，土筑围护构件可分为以下几种类型。

1. 夯土墙（也称板筑墙）

夯土墙是种用古老的墙体构筑方法建筑的墙体，在全国许多地方都有使用。其施工方法是在土墙两边设 V 形支撑，约 2m 长划分为一段，从底到顶由 80cm 宽到 30cm 宽逐渐收分。两侧的棍模或椽模用绳子捆在一起做侧模（也可以用木板代替木棍或椽子），把土填入侧模之间的空间加以夯打。常常按每 2m 长分段施工，分层夯实，夯好一板后，再移动模板，这样一板板夯筑，直至需要的高度。

夯土墙因各地土质不同，夯筑方法也有区别。东北西部碱土地带使用碱土夯筑，因碱土较密实，可直接夯筑，且十分坚实。福建等地的夯土墙是将新挖出的黏土放置一两年后，待黏度合适再夯制。一些土质不好的地区，则需在夯土墙中加筋，如竹片或木棍等。

2. 土坯墙

土坯墙用土坯砌筑，因土坯可就地制作，且做法简单，经济实用，故在各地适用范围较广。

土坯通常是由黏土、碎草胶搅和在一起，装入模具内拓成原形，经晒干而制成的。其尺寸各地不同。

另外还有一种岱土块，即在低洼地带或水甸子里的土半干后，将土挖成方块，晒干之后当作土坯。因为水甸子里草长得很多，草根很长，深入土内盘结如丝，与之成为整体，所以非常牢固。将带草根子的土切成方块取出，用它来砌墙，不仅墙体非常坚固，还能省去制造土坯的时间，可以说是最经济的地方建筑材料之一。

土坯墙需要分层垒砌，并要错缝。使用有同样成分的泥浆做黏结材料，砌成后墙面要抹面，南方地区还把土墙刷成白色，在保护土墙的同时还能减少吸热。

3. 土屋面

土屋面常见于干旱地区的平屋顶上。一般纯土屋面的防渗水性较差，所以各地土屋面民居都采用分层拍实再抹面的方法，如青海东部民居"庄窠"、云南土掌房及河北等地民居的土屋面处理都是如此。用防渗水性较好的土做屋面可减少分层，如碱土地区的碱土、西藏的亚成土都有较好的防渗水性。而在新疆吐鲁番地区，气候炎热干燥，缺乏木材，但土质良好，故屋面多采用土坯砌券，上填平为顶的形式。

高寒山区的藏族土掌房民居，其土屋面突出防寒保暖功能。用黏性极强的夯土层等措施加强屋面构造。

山东地区，沿黄河两岸的鲁西和鲁北的黄河冲积式平原是华北大平原的一部分，那里地势平缓，但历史上由于黄河频繁改道、泛滥，导致该地域秋涝春旱，住房条件较差。当地石、木、砖等建房材料都较贫乏，于是人们充分利用取之不尽的黄土来建造一种叫作囤顶（平屋顶或微坡平屋顶）的民居。依照房子墙体就地取材的不同，此类建筑又分为：囤顶土屋、囤顶砖屋、囤顶石屋等几种形式。这是一种充分利用房屋屋顶空间的生态型民居，可用来囤粮、晾晒粮食、防鼠患，还可纳凉歇息，是我国北方常见的民居形式，从辽宁南下河北到山东，沿渤海湾地区多有建造。

4. 生土窑

我国有世界上面积最大的黄土高原，地跨山西、陕北、陇东、豫西等地，那里覆盖着深厚的黄土层。由于在气候干燥的条件下黄土稳定性好，在颗粒组成含水量适中的条件下，强度接近50号砖，加之当地木材缺乏，故挖土为窑。

窑洞的四壁和顶棚不是砌筑的，而是挖出来的，可谓天然的土壁。另外，挖出来的土也可以尽其所用。

砖窑，一般先用泥土烧制成砖，然后在松软的黄土地带上砌制成窑洞。石窑，大都是根据当地圈窑石料的质地、纹理和色泽而砌筑的，一般依山而建，坐北朝南，窑壁上往往雕、凿、刻出多种图案。窑洞不仅不占耕地、不破坏地形地貌，还有利于生态平衡。窑洞冬暖夏凉的优势可以节约能源，这也是北方汉族就地取材建造窑洞的一个重要原因。

土窑洞大体可分为靠崖窑和地坑院两类。靠崖窑是在天然土崖壁上挖出的窑洞，窑体垂直崖壁，顶部呈半圆形或抛物线形。窑面可用砖石包砌，上扣挑檐、女儿墙、截水沟，以防崩坍。地坑院也称平地窑。

天井窑院，俗称地坑院，顾名思义就是先在地上挖个大坑，形成天井，然后在坑的四壁上挖出洞穴作为住宅的窑洞形式。这种住宅冬暖夏凉，是老百姓根据当地的气候条件，特别是干旱少雨的情况和土质状况创造出来的一种具有地方特色的居住形式。

天井窑院，早在4000多年以前就已经存在了，现在的河南三门峡、甘肃庆阳及陕西的部分地区还有部分遗存。其中河南三门峡境内的窑居聚落保存得较好，至今仍有100多个地下村落、近万座天井窑院，依然保持着"进村不见房，闻声不见人"的奇妙地下村庄景象，境内较早的院子已有200多年的历史，住着四代人。

地坑院是在平坦的地面向下挖深6～7m的坑，窑洞2m以下的墙壁垂直于地面，2m以上至顶端为拱形。其中一个窑洞凿成斜坡，形成弧形甬道通向地面，是人们出入院的通道，称为门洞，是地坑院的入口。在门洞窑一侧再挖一拐窑，向下挖出深20～30m、直径约1m的水井，解决人畜饮水的问题。地坑院与地面交接的四周用青砖青瓦砌一圈房檐用于排雨水，保护地坑院墙壁不受雨水侵蚀。在房檐上再砌一道高30～50cm的拦马墙，在通往地坑院的甬道及门洞周围一样砌有拦马墙。砌筑拦马墙的目的主要有：一是防止雨水灌入地坑院内，保护墙壁不受雨水冲刷、侵蚀；二是防止地面活动的人们坠落院内发生意外；三是由功能需要衍生出来的装饰需求。

大多窑洞村落都位于坡地之上，在垂直于等高线的方向并无足够空间，因而院落多横向发展，形成了不同于周边其他地区的宽院、扁院等形态。这些院落因地制宜，结合地形，形成纵横发展、四通八达的多层院落，成为中国传统民居中独具特色的一支。

陕西、河南等地阳光充足、干旱少雨、木材资源缺乏，地形上沟壑纵横交错，而且黄土高原土质好，地下水位低。黄土高原窑洞利用土层保温蓄热，改善室内热环境。也就是说，窑洞建筑的主要优点来自土壤的热工性能，厚重的土层所起的绝热作用使其温度很低，而温度波动在土壤中仅有一定的深度，在此深度以外就无波动影响。陕北的沿崖窑洞利用山地地形，保温蓄热效果更好。窑洞不仅有适合人、畜居住的冬暖夏凉的良好居住条件，还是一个天然的冷藏库。但另一方面，不良的通风也造成了窑洞内湿度大和空气污浊。

二、石作

石材由于其坚固耐用的自然属性，成为人类发展史上最悠久的建筑材料之一，运用在我国传统民居建筑的室内室外。早在远古旧石器时代，人们就已经居住在天然的崖洞里。在明清之前，石材主要是用在建筑基础上，后来才逐渐发展成为建筑地上部分的主要建筑材料，但多用于山区和盛产石材的地区。在古代的高等级建筑中，石材一般都经过细致的打磨，而运用于民居中的石材一般来自于居住在山体附近的村落居民的就地取材。采石的过程主要是将大体积的石块敲击成小体积石块，简单加工。石块与石块之间靠黏土连接堆砌成墙体；或不用任何材料黏结，而利用碎石进行缝隙的塞垫，达到结实牢固的要求。

至今在我国一些丘陵地带，很多拥有大量石质民居的村落依然保存完整。如河北邢台县英谈村这一传统民居村落，其内部建筑几乎全都是用石头堆砌而成的，款式多样、各具匠心，石墙、石瓦、石路、石桥、石板凳、石碾子……这里的一切几乎都是石头做成的。再如贵州的石板房，由于安顺等地区盛产优质的石料，所以当地居民因地制宜、就地取材，用石材修建出一幢幢颇具地域特色的石板房。

羌族民居为石片砌成的平顶庄房，呈方形，多数为3层，每层高3m。房顶平台的最下面是木板或石板，伸出墙外成屋檐。木板或石板上密覆树丫或竹枝，再压盖黄土和鸡粪夯实，厚约0.35m。房顶有涧槽引水，不漏雨雪，冬暖夏凉。房顶平台是脱粒、晒粮、做针线活及孩子老人游戏、休歇的场地。有些楼间修有过街楼（骑楼），以便往来。

（一）石墙体砌筑方式

1. 干砌法

干砌法系石块之间根据其自然形态相互咬合，由下至上逐渐收分，不施泥浆的砌筑方式。适用于墙体勒脚、照壁及正房墙身等主要部位。

2. 浆砌法

边砌石块边用搅拌好的泥沙填补石缝，泥沙风干后能增强石与石之间的黏接，砌筑时应逐渐收分。适用于墙体次要部位。

3. 包心砌

墙体外表用较大的石块先行砌好，在墙体中间逐层填充细小的卵石或浇灌泥浆，以加强石块之间的相互黏结。适用于围墙、隔墙。

（二）石墙分类

石材在山区，特别是在有板岩分布的地区是最优质的建筑材料，可就地取材，且物美价廉。此外由于石材有耐压、耐磨、防渗、防潮等特点，所以能保证居住环境的舒适度和稳定性。各种石头经过民间石匠的艺术加工，形成了民居外墙及屋面等部位极其丰富的质地与外观。

①加工块石墙。将石块加工成一定的规格再进行垒砌，缝要错开。

②毛石墙。石块开采大小不一，加工简单，安置无一定规则，自然、活泼、轻巧。

③片石墙。有的石料（如石灰岩）有分层，易剥离和加工，可打凿整齐，砌筑时每层片石上下接面都较平整，因此接缝很小。由于片石较薄，从外观上看有时像砖。

④竖向石板墙。下层平铺一层石板做墙基，墙基上竖立石板，板下凸出棒头插入墙基，板顶开燕尾槎，用木杆和木梁柱系统联结成一个整体。

⑤横向石板墙。在基石上立断面为"工"字形的石柱，两柱间嵌入横向石板，一般叠垒 2～3 块，最高可叠到 5 块，然后在板上加横梁，梁上砌砖墙。

⑥卵石墙。用大大小小滚圆的卵石砌成的墙。砌筑时，卵石块下大上小，两端大中间小，保证了墙体的坚固。

⑦自然石片屋面。石片开采后不再做加工，每片石片的厚薄不一，大小不等。铺设时先铺檐口，然后搭接而上，直至屋脊，屋脊外采用半坡突出方式，较好地解决了屋脊接缝的问题。

⑧方片石屋面。石片开采加工成约 50cm 见方的片块，在屋面上形成菱形布置，铺设屋面时，石片之间上下搭接 5cm 左右。

三、木构

木材是大自然赐予人类的，具有独特物理美学特征的可再生资源。古人对于木材的运用能力为世人叹服。自古以来，不管是帝王的宫殿、苑囿，还是分布在全国各地的寺院、民居住宅，大多数都以木材作为主要建造材料。木材是一种有机材料，它有着从参天大树到原木材料最后变成腐殖质或是燃料的完整循环周期，合理使用木材不仅符合生态学原理，而且对人的身心健康也很有益处。木材具有清新的气味、舒适的手感、自然的纹理，给人的生理和心理都带来一种温暖的享受，因而人们喜欢置身于木材的包裹之中，与之建立起一种亲密的关系。

中国传统民居作为最古老的建筑形式之一，独特的木结构在满足了实用功能的同时，又创造出了形态各异的建筑外观及丰富多样的建筑风格。如川湘的吊脚楼、黔桂干栏木板房、东北地区的井干式房屋等，都是以木材为主要建筑材料的实例。中国传统民居建筑中的木材多为杉木，这种木材通水性能良好、耐腐蚀，能够很好地抵御大自然的风雨侵蚀。在木结构建筑施工时，一般需要涂刷油漆等用于防腐。

（一）木构建筑主要形式

①抬梁式建筑：柱头上搁置梁头，梁头上搁置檩条，梁上再用矮柱支起较短梁，层级而上，梁的总数可达 3～5 根。

②穿斗式建筑：用穿枋把柱子串联起来，形成一榀榀房架，檩条直接搁在柱头上，沿檩条方向，用斗枋把柱子串联起来，形成整体框架。

③井干式建筑：以圆形、矩形或六角形木料平行向上层层叠置，转角处木料端部交叉咬合，形成房屋四壁。

④干栏式建筑：竖立木桩做底层架空，上层住人，下层常用于圈养家畜或堆放杂物。

⑤木骨泥墙式建筑：将草把、苇束等绑于木栅骨架上，内外两侧涂抹 30～40cm 草泥，草泥外层罩白灰泥浆。

（二）木构建筑技术要求

①防止干燥变形：控制建造时间，一般选在雨量小的季节，有助于对木材湿度的控制。

②防水防潮：屋顶要用瓦覆盖；柱子需涂抹或灌注桐油，或涂刷油漆、彩绘作为木质的一层保护膜；柱础可以使用石材或金属材料。

③防火：屋顶用瓦覆盖；稻草切成两寸，用石灰水浸泡，然后调入土（可加入石米、蚌壳等骨料），铺 5cm 厚于楼板上，抹光形成灰被用于木楼板防火；山墙砌筑高出屋面，形成风火山墙，能够防止火势在房屋间蔓延；可用金属包裹木材。

④防腐：将生木放入水塘浸泡 2～3 年，使其干缩能力降到最低，取出并晾干后即可使用；也可以药剂浸泡木材；或将黄土、麻刀、红土、石灰等（或桐油、糯米浆）敷在易着火的部位。

（三）木材围护结构分类

木材可以说是人类最早使用的建筑材料之一。我国传统民居多为木结构承重体系，而在盛产木材的林区，也常用木材来做建筑的围护构件，如木墙、木瓦等。

1. 井干式（木楞房）

井干式建筑又名木楞房，墙体均是由去皮圆木或砍成的方木层层叠置而成，木料长 3～6m，每层楞木叉接成井字形，在各楞木两端交叉点的上下两面都开高为木料高度 1/4 的槽口，互相嵌固，非常结实。井干式墙体构筑简单，施工方便。

井干式建筑的特点是就地取材，加工简单、施工迅速。若准备得当，一日即可建成一栋房屋。这种木屋是先民在长期的生产生活实践中的创造，是一种木文化经典。

（1）井干式民居的特征

井干式民居平面一般为长方形，外墙和内墙均是由去皮圆木或砍成的方木层层叠置而成，木料长 3～6m，木头直径约 20cm。若为单间，则每层楞木又接成井字形。在各楞木两端交叉点上下两面都开高为木料高度 1/4 的槽口，互相嵌固，故每层横向木楞与纵向木楞标高相差一个半径，也有两者在一水平面的。分间的井干式民居内墙与外墙出头相交，亦开槽口相互嵌固。

（2）井干式民居的发展历史与分布情况

井干式民居是我国古老的建筑形式之一，早在原始社会时期就有应用。"井干"本意指井口的栏木，由此得名。各地的井干式民居在结构和外形上又不尽相同。在长期的使用过程中，居民们建造了颇具地方特色的井干式建筑。如新疆阿尔泰山以北的农村地区中建造的井干式房屋，以平顶为主，同时把泥都抹在墙里，从外表还可看出木楞的形状。在云南的大姚、姚安、南桦等地还有井干式与干栏式结构相结合的民居式样。此外，在贵州的一些村庄中也有井干式建筑。在吉林省长白山北坡及南坡的一些山林中，也有井干式建筑。吉林长白山井干式建筑分布以二道白河附近为主，从二道白河到天池及长白朝鲜族自治县都以井干式建筑为主。

2. 木板墙面

在盛产木材的地区，木板房的墙是用木板直接钉制而成的，其钉法有横向钉和竖向钉两种。在一些地区，当建筑二层需要悬挑时，其外墙也都用木板镶嵌，以减轻自重。如桂北地区侗族民居，作为少数民族文化的重要载体，通过吊脚楼木构建筑的形式、材料及结构来达到满足功能的目的，同时具有象征意义。桂中北地区（广西中北部地区）侗族民居木构建筑本身的存在和发展受到亚热带地理气候等自然条件的制约，同时还受到地区、政治、民俗因素的影响，在这些因素的共同作用下造就了当地传统民居依山就势、自然淳朴的建筑形式，是当地少数民族文化的代表，其独特的木构建筑技艺更是侗族人民世代相传的智慧结晶。

3. 木板瓦屋面

木板瓦屋面系以木板切成的方片当作瓦铺成的屋面。木板瓦因经常受到空气干湿的变化而容易变形脱落，故作木板瓦的用材大部分是"荒山倒木"，木质已经经过干湿的考验，变形较小。

4. 树皮瓦屋面

多指用桦树皮切成的"瓦"，尺寸较大，其使用寿命比木板瓦长，表面光滑而富有弹性。

四、草类

用草铺屋面，经济且可就地取材，所以使用范围较广。草的种类不同，质地也有差异。如水甸子中的羊草纤细柔软，经水不腐，是较好的屋面材料，而东北盛产的乌拉草，南方盛产的菅草都常被用作苫顶的材料。胶东地区的沿海渔宅则使用海带草铺屋面，因海带草本身带有胶质，1～2年后，整个屋顶便黏结为一体，耐腐、耐燃、保温隔热，经久不烂。综上可见，各地草屋顶材料都是就地取材，水泽地带可用苇子，靠山地区可用荒草，产麦区可用麦草，而产稻区便多用稻草，但稻草苫屋面容易腐烂，故1～2年需重铺一次。用草苫屋面，一般是从下（屋檐）往上一层层铺，靠檐处薄些，而屋脊苫得较厚，以利泄水，另外在屋脊的交缝处还须做盖帘以防渗漏。

五、竹材

竹子是建造房屋最古老的材料之一，因其造价便宜、易于加工，与木材和石、砖等材料相比既经济实惠又不失安全性，在气候温热潮湿、雨量充沛、盛产竹子的南方地区得到了广泛的应用。当地居民用竹子编织成墙面及地面，编织形成的缝隙正好可以保证室内良好的空气流通。

（一）竹建筑的特点

竹子生长迅速，产量丰富，竹材取材方便，具有轻质高强的特点，可方便加工成不同形式，如竹片、竹条、竹篾等，应用于柱、楼板、墙壁等各个建筑部位。因此个个广泛应用于我国南方湿热地区，如四川、云南、海南等地的建筑中。

竹材的应用在我国具有悠久的历史，主要是由于竹材在南方各地出产极为丰富，且分布也很广，是一种量多而价廉的建筑材料。竹本身有许多优良的性能，如质地坚韧，富有弹性，自重很轻等。从力学角度来看，竹的杆身为圆柱形壳体，圆柱直径可达30cm，无论受弯或偏心受压时，都有很好的韧性，是很好的建筑材料。

（二）竹材主要应用部位

1. 竹屋架

竹材在建筑应用上最主要的部位是竹屋架，其屋架形式与木屋架基本相同，只是在搭接方法上有所不同。主梁上用不同粗细的竹子纵横叠置，捆绑成网状平面整体。地板处的竹梁应根据荷载确定跨距、间距及用料粗细等。双向叠成的网状整体梁，一般纵横叠交3～5层不等。

竹楼以竹子为主要材料修建，竹柱、竹梁、竹檩、竹椽、竹门、竹墙，就连盖在屋面上的草排也用竹绳拴扎。有的地方，甚至将竹一剖两半用于盖顶。由于建筑材料以竹为主，故有竹楼之称。竹架棚房子状如倒扣的船只，是居住在我国南方地区的黎族的传统住房，房屋多被架高，以避免地面的潮湿进入室内。

2. 竹屋面

竹子劈开制成竹瓦可作为屋面覆盖材料。竹瓦的优点是自重轻、造价低廉，缺点是耐久性差，必须经常加以维修。竹屋面的铺盖方法是在屋顶用粗细不同的圆竹纵横交错绑扎成方格网，由里至外，最表层用料最小、网格最小，若上铺草顶，则网格间距可略大。将剖成两半的竹瓦一仰一覆相互扣合铺制屋顶，此种方法操作方便但耐久性差，需定期维修。也可以竹片编织成整块屋顶作为屋面，但易漏雨，使用较少。

3. 竹地板

将圆竹剖为两半并压扁为竹片，顺次铺于地板梁上，以光滑竹青为面层，其上铺一层纯竹青篾片编制的柔韧竹席，方便席地坐卧。

4. 竹墙

将圆竹压扁成竹片，数个竹片拼合后，两面以细竹或半圆竹夹定形成预定板块后即可安装。取粗细均匀的圆竹，按房间长宽高的需要来固定上下端，层高高的房屋可在中间适当部位加设2～3道腰箍做成竹篾。将1.5～10cm宽的竹条依次固定在栅栏上，以横向按压二抬二的方法编织，一次用料不够可拼接而不影响整体效果。1.5～10cm宽的竹条可提前按预制花纹编织好，以竹子压条和竹篾整块顺边捆绑牢固，再固定于分隔好的竖向栅栏。云南等地区的民居建筑盛行用竹篾编成墙身和山尖部分，突出了竹制品多样的图案化特征。

苗族民居是将竹子用于一种大面积整体编织的竹编墙。这种墙坚韧耐用、造价低廉、施工简易、地方特点鲜明。具体做法是将3～4根细长竹并为一束，充作竖向墙筋，间距 30cm 左右，然后用横向的竹条连续编织，每隔 1m 左右钉以木板使之牢固附于柱枋之上。为防透风，墙内外抹涂草筋灰泥，有的掺入牛粪，黏牢度更大，是一种朴素、别致的施工方法。

六、砖瓦作

砖瓦材料是天然材料经过简单的加工后烧制而成的，它们的强度、耐磨、耐水性等方面都较土材大为提高，故也是在我国传统民居中应用较多的建筑材料。

砖是在建筑建造中使用最为广泛的一种人工建筑材料，在我国传统建筑的建造过程中扮演着重要的角色，具有悠久的使用历史。早在先周时期就已经出现了空心砖、条砖。战国时期，砖的种类繁多，主要用于铺地和砌筑墙面。到了秦朝，由于秦始皇统一六国，大兴土木，开始大量使用砖。明朝时，随着生产工艺的改进，砖的应用得到普及，民间住宅的墙壁多用砖砌筑而成。此外，砖不仅可以作为一种建筑结构材料，而且也可作为一种建筑装饰材料，这就是砖雕。先在砖上精心雕刻出吉祥的图案或者文字，然后镶嵌在建筑的不同位置上，形成美的视觉感受。明清两代的砖雕表现内容题材广泛，也最为精巧。

由于是手工制作，传统民居中的砖的规格仅有一个大体的尺寸，并不是绝对的精准，每个地区都有自己的地方性规格。特别值得一提的是，江南地区生产的一种很薄的砖，可用来满足砌筑建筑外墙的空斗做法。还有一种被称为"胭脂红"的颜色极为鲜艳的红砖，唯有闽南厦门一带盛产，这种砖构成闽南建筑的一大特色。

大多数民居屋面为小式瓦作，铺小青瓦，两端或局部用筒瓦或小青瓦骑缝。瓦当多采用板瓦密排而不采用筒瓦板瓦相间排列。板瓦在西安地区又被称为仰瓦。瓦的尺寸约为 17cm×21cm，呈略窄长形。民间对于瓦的排列在做法上常讲究"压七露三"，即 70% 的瓦要层层压在上一片瓦下，以保证其热工性能。在山墙位置将两三道板瓦正反相扣可用以加强屋面与墙面相交处的防水性能，同时与一片板瓦密集排列的屋面上的凹凸形成对比，具有一定的美观效果。

砖瓦作分为两部分：一部分为砖，主要用作砌筑砖墙；一部分为青瓦，主要用作青瓦屋面。

（一）砖墙

砖是传统民居常用的一种材料，其做法是用黏土加入沙土搅和之后，用木模具做成坯子，经日晒干燥后烧制而成的，有青砖、红砖之分。传统民居一般多用青砖，其规格各地不一，普通青砖约 24cm×12cm×6cm，人青砖（方砖）为 35cm×35cm×6cm 左右。青砖砌筑方法较多，有实砌墙、空斗墙和夹心墙等多种形式。青砖墙色彩稳重古朴、庄严大方。

（二）青瓦屋面

瓦是经人工烧制的建筑材料，其做法与砖相似，具有较好的防水性和耐久性，是一种理想的屋面材料。

瓦屋面的构造一般包括：面层（瓦）、结合层（坐瓦层）和垫层等层次。在我国南方，气候温和、风力较小，因此有些南方地区往往不用结合层和保温层，而是将仰瓦直接铺在椽子上。

瓦的铺法一般是采用板瓦和筒瓦相互咬合的方法，这样铺成的屋面防水性较好。北方地区雨量较小，许多民居建筑只用仰瓦而不用合瓦，各行仰瓦密铺，上面不再覆盖合瓦，（北方称"单撒瓦"），较为经济。

仰瓦屋面在北方较常见，这种屋面用瓦较省，但对瓦的质量要求较高，稍有变形则要剔除。结瓦时对匠人技能要求也较高，必须互相错接、扣合严密，以上下瓦压四留六至压七留三为准则，不能有松动的瓦。檐口第一片瓦叫滴水，下垫勾头。可见匠人的技能和工作质量与仰瓦屋面的质量有密切的因果关系，如安阳浚县裴庄村常进士宅第的二进院正房，建于清同治年间，屋面至今未变形，不漏雨。通常情况下，一般质量的瓦屋面 30～50 年进行维修是正常的。

筒板瓦屋面在各地都有使用，主要用于正房，但不是凡正房都用。凡有使用的，也不讲究正房厢房。冷摊瓦屋面仅用于南北气候过渡带地区的部分房屋，铺法与南方屋面完全相同。

七、混合材料

在一些建筑上利用几种不同的地方材料进行建造，将不同材料的性能结合起来，可得到理想的效果。如在土墙表面贴一层皮砖，可提高墙体的耐水性和耐久性，而在土墙内侧衬砖则可防潮和美观。在福建等地有使用砖与石混砌的方法，可节省砖材。此外，也有利用废料，如断砖、灰土块，残石块、石片、瓦片等砌成墙体的实例，建造出的房屋既经济又别具特色。

不同材料的组合应用示例如下。

① "金包玉"墙体。将烧制的薄砖按丁、顺、平相互组合砌好外墙皮，形成小

箱体，然后将土倒入中空部位填实，再砌第二层，如此反复。砌筑时每层之间的砖缝须错位，以保证砖与土、上下层之间的相互咬合。

②夹心墙。墙体内外均用青砖砌筑，将土坯夹在中间做"芯"。

③挂泥墙。细木栅或竹条编织成 10～20cm 大小的方格网与立柱牢固联系，用拌和好的草泥由下至上敷上，墙内外同时进行，边挂泥边以手掌抹平，待半干后再作局部补充调整，达到平整、厚度均匀。

④夹泥墙。将墙壁柱植分隔成 2～3m 见方的格框，里面以竹条编织嵌固，然后以泥灰双面粉平套白。此种方法砌筑的墙轻薄透气美观，且不易开裂。

⑤瓦砾土墙。以瓦砾土 4 份、黏土 3 份、灰 2 份的比例掺水搅拌，再用夯土墙板分层夯筑瓦砾土而成。一般墙厚约 60cm。此类墙对瓦砾颗粒大小没有要求，可以使用碎砖、瓦子、小石子等，须坚硬。

第三章　中国传统民居形态与文化环境的关系

第一节　中国传统民居形态的文化环境概述

一、关于文化的论述

"文化"一词乃"人文化成"一语的缩写，在中国古代指"以文教化，人文化成"，与武力征服相对应，即所谓"文治武功"。所谓人文，就是指自然现象经过人的认识、点化、改造、重组的活动也称为人文活动。所谓"以文教化"，即以诗书礼乐，道德伦理教化世人。

文化，就词的释意来说，文就是"记录、表达和评述"，化就是"分析、理解和包容"。人类传统的观念认为文化是一种社会现象，是人类长期创造形成的产物，同时它又是一种历史现象，是人类社会与历史的积淀物。确切地说，文化是凝结在物质之中又游离于物质之外的，能够被传承的国家或民族的历史、地理、风土人情、传统习俗、生活方式、文学艺术、行为规范、思维方式、价值观念等，它是人类相互之间进行交流时普遍认可的一种能够传承的意识形态，是对客观世界感性上的知识与经验的升华。文化是一个复杂的概念，至今仍众说纷纭，从广义的文化概念的角度理解，文化是人类创造的全部物质文明和精神文明的总和，即物质文化和精神文化。应该说，文化是人为了满足自己的欲求和需要而创造出来的，文化是指人们的生活方式。

文化有很多属性，其中民族性是最重要的，是文化的根本属性；文化的另一个重要属性是时代性，是文化盛衰变化的根本原因。一个民族文化的盛衰即是由该民族与他民族文化的交流与融合的情况及不同的时代和社会状况来决定的。

二、关于传统的论述

传统是指世代相传、从历史沿传下来的思想、文化、道德、风俗、艺术、制度以及行为方式等。因此，我们所说的传统是某一集团或民族代代相传的生活方式和观念。

传统具备五种基本的属性。

①民族性。民族是由血缘、语言文字、共同利害等许多因素所逐渐形成的，同一个民族的人必须酝酿出共同的感情愿望，并产生共同的生活方式，才可作为一个民族集团而存在。

②社会性。传统代表的是人与人之间的共同心声。

③历史性。传统是大多数人在不知不觉中共同创造、约定俗成的。传统一定要在历史的时空中才能产生并形成，传统和历史是不可分割的。

④实践性。所谓传统，大多与人们具体的生活关联在一起。传统之为传统，其观念、思想必属于文化价值方面，并对社会的实践产生影响。

⑤秩序性。凡是谈到传统一定连带到秩序，因传统代表的就是一种共同生活的秩序，而秩序则是就个人与群体的谐和、自由与规则的和谐而言的。

传统是大家不约而同的生活方式。现实生活中，许多在理论上是矛盾的东西，但构成各自生活的一部分，得到大家共同承认，从而构成使生活得以安定的秩序。

三、中国传统文化的含义

传统文化是在过去的一个很长历史进程中形成和发展起来的，根植于自己民族土壤中的稳态的东西，又渗入了各时代的新精神、新血液，广泛地表现在人们的风俗习惯、生活方式、心理特征、审美情趣、价值观念等方面。

所谓中国传统文化是中华文明演化而汇集成的一种反映民族特质和风貌的民族文化，是民族历史上各种思想文化、观念形态的总体表征，是指居住在中国地域内的中华民族及其祖先所创造的，为中华民族世世代代所继承发展的，具有鲜明民族特色的，历史悠久、内涵博大精深、传统优良的文化。它是中华民族几千年文明的结晶。

四、中国传统文化的结构系统

从现代系统论的观点来看：人，针对自然界，创造了物质文化；针对社会，创造了制度文化；针对人自身，创造了精神文化。

（一）物质文化

物质文化包括：①人们为满足生存和发展需要而改造自然的能力，即生产力；②人们运用生产力改造自然，进行创造发明的物质生产过程；③人们物质生产活动的具体产物。

（二）制度文化

制度文化包括：①人们在物质生产过程中所形成的相互关系，即生产关系；②建立在生产关系之上的各种社会制度和组织形式；③建立在生产关系之上的人们的社会关系以及种种行为规范和准则。

（三）精神文化

精神文化包括：①人们的各种文化设施和文化活动，如教育、科学、哲学、历史、语言、文字、医疗、卫生、体育和文学、艺术等；②人们在一定社会条件下满足生活的方式，如劳动生活方式、消费生活方式、闲暇生活方式和家庭生活方式等；③人们的价值观念、思维方式和心理状态等。

三种文化构成了三个文化系统，合而成为一个文化大系统。其中物质文化系统是基础，是制度文化系统和精神文化系统的前提条件；制度文化系统是关键，只有通过合理的制度文化才能保证物质文化和精神文化的协调发展；精神文化系统是主导，它保证和决定物质文化、制度文化建设和发展的方向。

文化的结构因此而被有的学者分为三个层面：物质的——制度的——心理的。表述为：文化的物质层面是最表层的，而审美趣味、价值观念、道德规范、思维方式等则属于最深层，介于两者之间的是种种制度和理论体系。

把这三个层面用中国传统文化固有的"道器"范畴来概括，即物质的层面可称为"器"，制度的和心理的层面可称为"道"，三个层面之间相互联系、相互融通。如物质层面中的生产方式与制度层面中的经济制度相叠合；心理层面中的价值观念、思维方式、社会心理与制度层面的政治制度（如官吏选拔制度）、教育制度（如科举制度）相融通。总之，三个层面之间既相互区别、各具特色，又相互联结，相即相入，共同构成中国传统文化的整体结构。

此外，还有一些学者认为，中国古代的文化结构应由以下几部分组成。

①自给自足的农业经济。

②由前项所决定的以家族为本位，以血缘关系为纽带的宗法等级关系。

③在小生产自然经济和以家族为本位的宗法等级关系的基础上形成的宗法等级制度。

④稳定的上下尊卑等级秩序的文化心理结构。

⑤中国古代的思想体系，即古代政治思想、法律思想、伦理道德、科学理论、文学、艺术、哲学等。

这一观点可看作是对具体的中国传统文化结构的论述，提出的各重要组成部分是对以汉民族文化为主体的中国传统文化的总结。可以看出，这一结构仍未离开物质——制度——心理的大框架。

五、中国传统民居形态文化结构要素的提出

关于中国传统文化的结构，众说纷纭，可以说见仁见智，而要给出一个众所乐受的定义是相当困难的。这里将传统文化的结构要素分为物质的、制度的、心理的（精神的）三个方面，并把这三个方面与传统民居建筑文化的密切程度归纳如下。

①根据物质文化系统的内涵，定其要素以经济为主，包括经济类型、经济思想、经济政策及经济形态等。它是生产力的表现形式，是基础与前提。它也是人们采取何种生存与居住方式的前提和决定因素。

②根据制度文化系统的内涵，定其要素为家庭结构及由此而形成的宗法等级制度等。它是生产关系的表现形式，是制约因素。在中国传统社会中有所谓"家国同构"之说，即家庭之外的社会关系，如同乡会、帮会等直至国家，都有一种类似亲属血缘关系的现象。它从内外两方面制约着传统民居的空间形式及其他各建筑要素。

③根据精神（心理）文化系统的内涵，定其要素为信仰、哲学等思想体系。从原始社会的原始祖先崇拜及图腾崇拜，到后世的各种思想文化体系，都起了决定意义的导向作用，直接影响到人的心理层次上，包括审美趣味、价值取向、道德修养等。它引导着古人的生活方式，从而对传统民居产生或浅或深的多层次影响。它有时还表现为在一定范围内，被公众认可的、共同的习惯思维方式，即民俗文化。不同的地区、不同的民族都有自己的民俗文化，这种文化对传统民居的选址、整体布局及外部造型都有着重要影响。

中国传统民居是中国传统文化的重要载体和有机组成部分，它作为中国传统建筑的一个重要类型，凝聚了先民的生存智慧和创造才能，形象地传达出中国传统文化的深厚意蕴，从一个侧面相当直观地表现了中国传统文化的价值系统、民族心理、思维方式和审美理想。三大系统的要素与传统民居文化的相互作用并不

是独立的，它们之间相互联系、相互影响、相互融贯，共同构成中国传统文化的整体，作用在各民族的传统民居上，从而历经千百年，形成了独具一格的中国传统民居文化。

第二节　中国传统民居形态的物质文化要素

一、物质文化要素提要

物质文化，是指为了满足人类生存和发展需要所创造的物质产品及其所表现的文化，包括饮食、服饰、建筑、交通、生产工具以及乡村、城市等，是文化要素或者文化景观的物质表现方面。凡是人力曾经或正在作用其上的一切物质对象均可视为物质文化，包括生产工具、生活用品以及其他各种物质产品。

物质文化是人类改造自然的对象化产品（有形）。物质文化具有物质性的特征，这是物质文化区别于其他文化存在形式的关键所在。

二、经济类型与中国传统民居

经济类型是文化发展的基础，是人们生存所必需的食物的寻求方式的不同类型，它从根本上影响到人们的居住方式。

历史上中国经济文化的分类为：渔猎文化、畜牧文化和农耕文化三个主要类型。

1. 渔猎文化

受渔猎经济类型影响的传统民居主要集中在东北地区。鄂伦春族、鄂温克的赫哲族因经济文化落后，居住文化也相对落后，多为穴居或巢居的进一步发展，如撮罗子和马架子等。以渔猎为主要生活方式的家庭往往是流动性的，他们的民居必定是可拆卸、可转移的毡房或帐房。狩猎者需孤军作战、深入老林，其住屋必定是就地取材、简单易建的撮罗子（用桦树搭盖的尖顶棚）形式。

以赫哲族为例。赫哲族在渔猎生产中需要在鱼汛期间搬迁到固定的捕捞场所运用底网法捕鱼的居住行为需求。网滩是赫哲族人根据鱼的活动规律和江水内的鱼情确定的固定打鱼地点，是利用底网捕鱼的集中捕鱼场所。每年鱼汛来临的时候，很多赫哲族人都要迁移到网滩去捕鱼，且整个鱼汛期间都固定居住在网滩上，从而形成了一个坐落在河边相对稳定的季节性聚居区。网滩聚居区既是从事渔猎生产的劳动场所，也是一个相对固定的聚落，与赫哲族人的渔业生产紧密相连。网滩聚落一般是由各种临时性建筑"昂库"组成的，这些昂库在江岸上紧密排列，组成前后并列的两排街道，形成了赫哲族人鱼汛期间较稳定的居住区域。赫哲族以这种紧密排列的、街巷式的网滩聚落展现出了鱼汛期间的渔猎文化特点。此外，还有一种形式的昂库叫树上昂库，是在夏季鱼汛期间搭建在网滩上用来躲避洪水的建筑形式，它利用自然树木的结构支撑作用将建筑建造在树干上，抬高建筑底面，使洪水可以从建筑底部通过，满足特殊时期在网滩上的居住需求。

2. 畜牧文化

受畜牧经济类型影响的地区的传统民居以蒙古包为代表。蒙古族聚集的内蒙古自治区位于我国北部，幅员辽阔，阴山山脉横贯其中，黄河河套流于南境，水草丰美，是天然的大牧场。蒙古族人多以放牧为主要生产方式，长期的游牧生活形成了其民族特有的居住方式。牧民所住的蒙古包是一种天幕式的住所，屋顶为圆形尖顶。蒙古包是满族对蒙古族牧民住房的称呼，"包"在满语中是"家""屋"的意思。蒙古包古代称作"穹庐""毡包"或"毡帐"，是内蒙古地区典型的帐幕式住宅，以毡包为最多见，通常用一层或二层羊毛毡子覆盖，门一般朝向东南方向。蒙古包的最大优点就是拆装容易，搬迁简便。传统上内蒙古温带草原的牧民，逐水草而居，每年大的迁徙有 4 次，有"春洼、夏岗、秋平、冬阳"之说，由于游牧生活的需要，以易于拆卸迁徙的毡包为住所，因此，蒙古包是草原地区流动生活的产物。

3. 农耕文化

农耕经济文化下，因定居及经济发达等原因，房屋居住发展日渐成熟。

农耕文化是第一次社会大分工的产物。由于生产力的发展，人类开始饲养家畜、栽培作物，为定居生活提供了条件。此时人类的居住条件已有很大进步，建立了永久性和半永久性的房屋。在黄河流域、东北地区、西南地区最先产生了农耕粟作文化；在长江流域和东南沿海还产生了农耕稻作文化。

农耕文化是中国传统社会的主体文化，它所反映的物质文明应该说更具社会代表性。今天我们研究它，是为了揭示这种传统文化的历史价值。农业是社会的经济命脉，故在经济因素中首重的是农业生产。当时以手工方式耕作的农民的聚居地，一般选在耕田附近，形成规模不大的居民点——村庄。

农耕文化类型与传统民居特征。

①河谷、丘陵型农耕文化。建筑形式凝重，较封闭，精工细作，文化深厚，质量优异，保存状态较好。

②山前平原型商业文化。建筑形式隆重，重装饰，形式、做工考究，质量极佳，规模宏大。

③丘陵、平原交汇的、交通发达地区的农商结合文化。建筑既具有灵活、开放姿态，又有淳朴自然的特征。

④平原型、交通发达的，以商业、流通业、农副产品集散为主的产业性文化。建筑观念开放，形式灵活，开朗明快，城镇规模大。

⑤低洼平原，有流动性的农耕文化。由于地处河流下游，洪涝频仍，建筑被反复破坏，重复建设，建筑存在临时性意识。建筑形式凝重、高大、板正，做工粗糙，装饰繁杂、夸张，世俗色彩浓重。

⑥以水网平原为主的鱼米型农耕文化。建筑形式开放，布局灵活、轻巧，装饰繁多，色彩典雅。

⑦深山区或封闭型盆地，以自然经济为主。建筑质朴随意，形式小巧，做法因地制宜，规模质量有限。

三、经济制度及其政策与传统民居

秦汉时期，随着秦的统一，中国的文化开始定型，并有制度化、模式化和程序化特点。土地所有制的确立，成为此后两千年古代社会的根本经济制度，并成为古代社会政治制度、思想文化制度的基础。汉代土地买卖制度的确立，使本已私有化的土地可以买卖。当时不仅权贵豪门和富商大贾大肆抢购土地，就连农民也纷纷节衣缩食地去购买土地，而土地兼并日益严重带来的矛盾是整个时代永远无法解决的问题，也是社会动荡的总根源。

失去土地的农民，除一部分"亡逃山林，转为盗贼"外，大部分留在了农村，他们因为饥寒所迫，不得不接受地主的担佃条件。虽然付出了许多劳动，然而依然是贫困，陷于异常的贫困之中。由于大多数农民不能专靠佃耕小土地来维持生活，而必须兼营一点家庭副业来补充生活的不足，于是小农业和小手工业紧密结合的小农制经济，就成了社会经济结构的基本核心。

由于农民普遍贫困，南方人多用干栏建筑，北方人多用穴居，所谓"南越巢居，北朔穴居，避寒暑也"，就因为它们经济适用而长期成为南北两地常见的住宅类型。

由于中国传统的经济思想是求均，所以伴随着土地私有制度同时开始的便是中国的多子平分财产的继承制度，其结果是：一方面多生多育加强劳动力；另一方面地产经两传三传、一分再分而变成零星小块。小农家庭只要有一头母牛死亡，就足以打断其再生产，倘若再遇天灾人祸，常使自己直至社会经济遭受毁灭性的打击，这些都是导致大多数农民贫困的原因。食不果腹，自然也顾不及房屋的建设，从这一点来看，我国传统民居的发展极其缓慢的主要原因之一就是古代土地所有制。

中国古代历代都施行抑商政策，但作为自然经济之补充的商品经济，在一定的时期内还是比较发达的，如西汉中叶时商品经济曾达到相当高的水平，其后也一直有所发展，且对传统民居也起了一定的影响。在元代，由于有不纳税的特权，在国内外经商的大多是回族人，因而他们的每个家庭大多都成为一个经济单位，常见商店、作坊、加工场等和住宅紧密相连，或者加工场就在庭院内，"前坊后宅"的形制十分普遍。再有山西晋中地区平遥古城内，亦有前店后宅的形制，且较完善，中间还有管理用房及客房的过渡。此外，河北一带也有此类形制的建筑。

经济中心南移之后，江浙一带经济较发达，成为全国的经济重心，因而也多有下为商店上置卧房的形式。浙江东阳城西街杜宅兼营多种副业，房屋以规整的三开间楼房为主体，西面临街加一小店面，全宅的生活起居与养猪种菜等副业生产以厨房为界，互不干扰。临街小店面，上部设置存货的小阁楼。此外陕南、四川、湖广一带亦此宅式。

清代的资本主义已过了萌芽时期，城市商业继续保持繁荣，北京已成为全国贸易的中心，民居也出现了商品化的倾向。

明中叶至清代乾隆年间，票号、银号已相当活跃。票号又称票庄，主要办理汇兑业务；银号就是钱庄。山西平遥、大谷一带商人多开设票号、银号，主要业务是代官府解钱粮、收赋税以及代官商办理汇兑、存款、放款、捐纳等事，因而这一带也多有前店后宅式的票号住宅，且规模较大。

四、经济形态与传统民居

我国古代的经济形态是小农制经济，此经济类型带来的是大多数农民的贫困落后以及少数地主及官僚的富裕。

自汉代出现常用住宅单位，即所谓"一堂二内"制度后，因其经济适用，被一般平民所采用。"内"之大小是一丈见方（一丈约为 3.33 米），"堂"的大小等于二

"内"，所以住宅平面是方形的，近于"田"字。后世所谓"内人"即内中之人的意思，用以称呼家庭妇女。这样的宅制没有多余的生活空间，估计牲畜是另外圈养的，或另围院圈养。佃户的住宅等级制度在南宋初有明文规定："每家官给草屋三间，内住屋两间，牛屋一间，或每庄盖草屋一十五间，每一家给两间，余五间准备顿放斛斗……"其中所谓"牛屋"及"顿放斛斗"正是小农经济对传统民居组织结构影响之一例，每家两间住屋的面积与汉初"一堂二内"制度的住屋面积很相似，亦可见双间制的住屋由先秦到宋皆在盛行，证明在当时社会条件下，这是最经济适用的官准住宅制度。至清代，佃户的房子依然多是一列三两间或一横一顺式，两人住一间，中为堂屋，房屋的结构也多为草房或土房。贫农遇木料多且不用花钱之处，也有间数多的。究其功能结构，堂屋为供祖拜神之处，兼有对外会客之用，不可少；家庭结构人员一般至少有父母及子女两代，故二间卧室必备，其余则为牛棚、猪圈、粮房之类，此为最经济的家庭结构组成。

较为富裕的自耕农或富农、小地主等则有合院形制的住宅，一般为三合院或四合院（南方称三合头和四合头）。除了正房，又加入左右厢房及下房。明清时，四合院的形制多在前左右三面房屋中间砌墙，使一间半式房屋成为二间，因其最为经济适用，室内除去火炕的位置尚有回旋的余地，今之内蒙古及山西仍有沿用。

由于附属用房所占比例较大，直接影响到住宅的形制和布局，于是将牲畜圈栏于下，而居室于上的住宅形式较为多见，如藏族的碉楼、傣族的竹楼、广东一带的棚居、广西的麻栏、布依族的岩石建筑住宅等；也有将牲畜用房于主屋边另建而附其侧者，北有朝鲜族草房，南有大理白族土掌房，江浙一带亦为多见；还有将较多的附房与主房合置而成合院形制的。

一般来说，富人的宅院工料考究、精雕细绘，布局也是院落重重。晋中地区，清代商业繁荣，富商巨贾云集，因此晋中地区的传统民居有许多规模宏大的集中式宅院群，基本都是由四合院建筑并联或串联组合而成的。富家大宅多高大坚实，天井较窄长，如祁县乔家大院；而平民的住宅则以合用为目的，经济为要务，结构方面也选用最经济适用的材料：如墙多为土坯墙、夯土墙、编竹夹泥墙、乱石墙、木板墙；屋架则以木、竹搭建；屋顶则以灰泥、茅草、树皮、石板、瓦顶铺设；屋内地面由土灰、三合土、砖、楼板等铺就；台基则多以石砌。

五、经济重心与传统民居

中国古代的农业经济最初发祥于黄河中游的黄土谷地，包括汾河、渭河、泾河、洛河等大支流的河谷，即仰韶文化遗址或彩陶文化遗址分布的核心地区。

春秋至战国时，黄河中下游地区的经济开始遥遥领先于其他地区。秦汉时期，黄河中下游地区经济继续高涨。但两晋南北朝时期由于中原地区战乱弥漫，北方经济逐渐衰退，江南地区日渐得到开发。到了五代北宋时期，南北经济地位完成了转换，江南地区终于取代黄河中下游地区而发展成为全国的经济重心。

经济重心南移的结果，一方面是中原士大夫将中原文化带往南方；另一方面是中央政府对南方经济的依赖，加之南方人口密度越来越高，使得行政区的划分也越来越细。至北宋末年，除首都开封外，其余重要城市几乎全在南方。

南方的富足，当时有所谓"上有天堂、下有苏杭"和"苏湖熟、天下足"之谚。经济的发达，也促进了传统民居的发展。江南一带当时多有大宅出现，城市人口多至千数百口、房屋至数百区。经济的发达，人口的高密度，带来的结果必然是传统民居建筑的高密度，如江浙一带多利用水边悬挑和借山势布局等方式向"天"、向"水"、向"山"借居住空间。由于建筑分布的密度高，所以多为单幢房内解决居住问题，也就无形制可言了。而广东更有竹筒屋、单佩剑等狭长形制宅院出现。

由于人口增多，宋代的乡远比唐之五百户多，地方政府见每里百户的限制已不可行，渐改为地域划分。至清代，乡已不再是地方的行政单位，而成为整个乡村的代名词了。乡约的出现始于《周礼》，目的是为了提倡伦理道德，促进民间交流及经济合作，同时也对淳朴民风的形成及以道德为主的传统和文化的普及起了促进作用。和别处迥然不同，江南一带邻里间亲切和谐的尺度感，也正是作为经济重心的区域中的特有现象。

在城市，这种现象则以江南商业繁荣的城市中的里坊制及其突破而体现。一方面如夜市、庙会等可以活跃城市气氛，打破夜间闭户不出的规定；另一方面，正所谓"街坊邻居"，紧紧相靠的邻里关系、亲切的交往空间，体现了"远亲不如近邻"的民俗。

第三节 中国传统民居形态的制度文化要素

一、制度文化要素提要

古人云："物以类聚，人以群分"。人以群而结合的方式多种多样，然而以大类来说，不过三种，即血缘、地缘、业缘。其中血缘是人类最原始、最自然的结合方式，不论在何种社会文化中都有极其重要的地位，而在中国传统文化中更是如此。中国的人际关系，讲究五伦，即君臣、父子、夫妇、兄弟、朋友。其中君臣如父子，朋友如兄弟，五伦皆从血缘而来。离开宗族亲戚，中国社会便没有了着落，中国的人伦道德也无从说起。所谓以家族为本位和以血缘关系为纽带的宗法等级关系及由此而进一步产生的宗法礼仪制度，自秦开始就构成了中国传统文化的一个重要组成部分，它对人民生活的方方面面都产生了极其深刻的影响，而传统民居的建筑文化更是如此。

制度文化是指在一定历史条件下，经由交往活动缔结而成的社会关系以及与之相适应的社会活动的规范体系及其成果，又称为规范性文化。从内容上看，制度文化相当复杂，不仅包括经济制度、家庭制度、婚姻制度、政治制度、法律制度，还包括礼仪制度、行为规范、风俗习惯等。根据与传统民居的密切程度，本章在阐述了有关基本概念的基础之上，重点从氏族制度、家庭人口结构及宗法等级制度几个方面进行分析。

二、基本概念

（一）家庭

家庭是在原始社会末期随私有制的产生而逐渐形成的，人们在家庭里组织生产，从家庭里获得生活资料，与家人同生存共荣辱。不同类型的家庭本质上是由其物质生活条件所决定的，是为统治阶级的政治制度所支配的，因而职能各有不同。家庭使人类由群婚制进入了文明时代，父权家长制成为普遍存在，不论贫穷富裕。古人的政权、族权和夫权其实都是建立在父权的基础上的。

（二）宗族

宗和族是在不同的历史阶段和家庭相伴存在的复合体。西周奴隶主贵族通过分封土地和奴隶的办法来实现家天下的统治，因而相应地产生了宗法制度。宗法的组织，所谓"别子为祖，继别为宗。继祢者为小宗"。宗者，就是祖，统牵的意思。所以，只有嫡长子的诸弟（别子）可以祭祖，世代嫡长子为一宗的正支，是为大宗，而弟弟则不可祭祖，继承者为一宗的旁支，是为小宗。

为适应小农制经济生产关系的需要，取代宗法组织的是族和家并存的局面。族，一般称之为宗族。宗族是比较松散的联合体，但多数宗族都采取集结形态聚族而居。汉以河南为多，南北朝时盛行。清代强宗大姓，多在山东西江左右以及闽广之间。其俗尤重聚居，多达万余家，少亦数百家。有所谓"光宗耀祖"之说，即指宗族而言。又有所谓"株连九族"之说，也是如此。

（三）亲属

古人在"齐家治国平天下"的理论指导下非常重视亲属关系，法律根据男系重而女系轻的原则，将亲属分为宗亲、外亲、妻亲三类。宗亲指同祖同宗的亲属，包括同一祖先所出的一切男性亲属和女子本身及过继之亲戚；外亲指女系血统的亲属；而妻亲仅指妻之父母。从亲系上说，宗亲是男系亲，而外亲和妻亲则是女系亲。

古代的乡里多是有血缘联系的同姓宗族，唐有《户令》中"付乡里安恤"的条文，规定了较远亲属亦有抚养的义务。而古之四邻，其实大多都是远房亲属。

三、氏族制与传统民居

在距今十万年前的穴居和巢居的时代，人类社会进入了母系氏族公社社会，在距今六千至七千年时发展至兴盛时期。在源于黄河中游的原始社会晚期母系氏族公社制的仰韶文化遗址中可以看出，此时人类已经定居下来，并以农业为生产手段。

其中位于陕西临潼县城北的临河东岸台地上的姜寨遗址，由居住区、烧陶窑场和墓地组成。居住区有中心广场，周围房屋分作五群，每群的中心为一座大房子，四周有20余座小房子环绕。其中大房子为氏族首领居住及成员议事之所。

现有"活化石"之称的云南宁蒗泸沽湖畔的纳西族，他们的房屋的形制仍与古之"对偶婚制"所形成的公社布局有很多相似之处。

今宁蒗摩梭人（古纳西语"牧牛人"之意）的婚制称"阿注婚"制，又称"走访婚"制，他们中的一部分奉行"家中无父，只知有母"的母系氏族制度。家中以最年长者主持，女子十三岁便行"成丁"礼，此后便被允许过婚姻生活。行礼后的女子会单独搬到专为她准备的"花骨"中去住，夜间便在此接待男阿注（相好），清晨男阿注返回自己的母家吃饭、做活，所生子女一律由女方抚养。

住屋中的"一梅"是"祖母房"，住着女性家长，是全家的活动中心；过了婚期的老年男子，只好在"一梅"的边屋中起卧，直到离开人世。

在距今五千年前，我国黄河流域及长江流域部分地区进入了父系氏族公社时期。农业和饲养家禽的发展，促使手工业和农业分离，私有制开始出现，而在父系氏族公社中第一次由"家族"产生了"家庭"的原形，出现了双室相连的套间式半穴居，平面呈"吕"字形，以及多室相连的长条形房屋。家庭使人类由群婚制进入了文明时代，此后父权家长制逐渐确定巩固，开始成为普遍存在。

四、家庭人口结构与传统民居

由于受宗法思想的影响，以及受自然经济模式的制约，人们以人丁兴旺为乐事，每个宗族都以此作为扩大劳动力和壮大家族势力的重要的、可靠的方式，而"不孝有三，无后为大"更是从精神上刺激了人口再生产。此外，从事农业生产的家庭总希望能多生儿女，以求能有空闲之人去读圣贤书以求仕进，光大门楣。但此类家庭多由于贫穷而导致婴孩夭折或老者寿短，及兄弟分家、各谋生计，较为容易生存。

社会发展至西周，正式形成父权及长子独尊的宗法制，而婚姻则是氏族外婚而兼妾媵从夫居住的复婚制。一个家庭至少要包括父母、兄弟、子女三代，而三代人之居室化正是三合院的由来，如加上仆人类则成四合院的形制，如再有多世同居的，多建别院拼合。不过，合院建筑也多为富人才有，穷人多只有单幢房屋，正如所谓"一堂二内"之类，人口再多就在房侧加间数，即明间不变，次间加多。

多代同居的大家庭，我国历史上称之"义门"，义门之大家庭，多成为美谈。然而各家庭成员必须互相克制容忍方能和睦相处，否则稍有摩擦冲突必然导致析产分家，故多代同居者自古少见。

魏晋南北朝是我国历史上最重视门第的朝代，其时世家巨族因天下大乱而南逃，举族迁徙，浩浩荡荡。到了南方后，由于人生地不熟而不能和当地居民融洽相处，只好聚族而居维持原来门第。其中有迁至江西中部地区的；唐末黄巢起义时，又有再迁入宁化、汀州、上杭、永定一带者。永定一带著名的客家土楼，如高大的圆形土楼、前低后高的五凤楼等便是很好的实例。聚族而居的另一原因则是因当地盗匪猖獗，如此聚居的封闭形制比较安全。浙江黄岩一带亦有高大的五凤楼形制，可能也是世家南迁的一支。此外，广东潮州一带亦多有聚族而居的土楼。

此外，江南一带因世家南迁后经济富裕，因而有许多富商豪宅，它们规模庞大，也是聚族而居的一个重要范例。如有苏州大宅，因家庭人员繁杂，而空间秩序也极复杂。院落纵深分为若干进，每进皆有天井或庭院。从大门起，则有门厅、大门、院子、轿厅、院子、客厅，此为前院；后院自客厅后经垣墙及门楼一道进入上房，亦称女厅，为楼五间连厢房，是女眷生活处，外人及执役男子不能入内。最后为下房，是女婢住所。而两侧轴线则排列有花厅、书房、卧室及至小花园、戏台之类。

分居之中亦有没有能力另盖房而仅在原房中以隔栅分之而成两户的形制；又有两房相连而建，共成一体的；也有没有血缘关系，却借其侧墙盖房而成一体的。

但也有大家庭公社色彩的房屋，如云南下寨村姚老大家宅，为同一血缘与不同血缘的小家庭同住的院落。这些小家庭全都是独立的经济单位，每家都设置一个火塘，屋内炊烟缭绕。全院共有 28 人，五个小家庭。

五、宗法礼仪制度与传统民居

宗法制度是中国传统社会的一套始终维护和持续不断的以血缘关系为纽带、以等级关系为特征的社会政治和文化制度。从源头上讲，宗法制度是由氏族社会的血缘关系在新的历史条件下演化而成的，产生于商代后期。西周建立后，由于周人有着悠久的农业生活传统，而且宗族关系在人们生活中占突出地位，统治者为维护其统治地位，便在商代宗族制度的基础上建立了一套整体完备、等级严格的宗法制度。

宗法制度对中国传统民居的影响是深刻而又广泛的。无论是传统民居聚落景观的构成，还是传统民居的建筑布局，抑或是营造规格、建筑装饰，无不透射出宗法伦理观念和礼制等级思想的气息。中国农业社会的长期延续、以农耕生活为基础和宗族文化心理根深蒂固，决定了宗法制度对中国传统民居的发展产生的影响是自始而终的。

（一）传统民居布局与方位的礼制性

"礼"是宗法制度的具体体现和核心内容，既是规定天人关系、人伦关系、统治秩序的法规，也是约束生活方式、伦理道德、生活行为、思想情操的规范。"礼"带有强制化、规范化、普遍化的特点，制约了包括传统民居在内的中国古代建筑活动的方方面面。

传统民居根据礼制的空间方位布局体现在以下三点：一是建筑常以中为上、后为上、前为下、左为上、右为下，距中轴线或正厅近者为尊、远者为卑的方位等级原则，根据使用成员的地位尊卑依次排布院落和空间并进行空间分配；二是重要建筑（正厅、正房、祖堂等）沿主轴线布置，轴线两侧对称布置其他院落及附属用房；三是前堂后寝制度更为明确。

（二）传统民居中体现的宗法和宗族制度

宗法制度最早从秦代开始就有了文字记载，如《论语》《春秋谷梁传》《礼记·礼器篇》《墨子》《周礼·考工记》，而最晚从唐代开始，政府已有建筑等级制度明文规定，大至城市的中心轴线、楼层数、间数、架数、屋顶形式、台基高度等，小至琉璃瓦、屋饰、柱础雕镂、色彩、彩画、藻井、门高、门钉路数、匾额形色等。这些规定是官式建筑必须遵守的，而民间建筑本身较为自由，受约束较少因而能创造出不同风格的传统民居。但归根结底，宗法制度为其根基、为其文化本源。

中国文化在殷周时期开始孕育，至秦汉时期成熟并基本定型。在传统土地所有制的基础上，秦汉统治者建立了为中央集权统治服务的政治、思想文化制度和伦理道德观念规范。秦王朝是权力高度集中的专制主义中央集权国家，与之对应的便是国家观念和王位继承方面的"家天下"。汉代为了巩固这种君主世袭的"家天下"，还从宗法制度上使"嫡长子继承制"成为君主世袭的原则。后来，这种宗法制度又成为地主贵族、皇室们分财产和权力的重要原则。宗法制度由秦汉时代始，贯穿于此后的整个古代社会。

宗法社会的人与人、人与社会组织以及社会组织之间以血缘关系为联结纽带，每一个人都依血缘的亲疏，被固定在社会组织的网络之中，各有等级、各安其分。而不同人的宅院代表不同的人的身份、地位。一家之中，不同的人住不同的房，而其所居住的房屋的等级也是其在一家之中身份地位的反映。

古代徽州人在宗族观念的强化上主要是通过建祠堂、修族谱、定族规的手段来实现的。在徽州，人们世代围祠而居，祠堂是宗族观念的物化载体。一般来说，家族除了拥有一个共同的总祠，还因子孙的繁衍相应地衍生出一些按血缘远近为次级单位的支祠。西递村的村落组织就是以祠堂为中心分布的，规划将全村按亲缘关系划分为九个支系，各踞一片领地，每个支系分别以支祠为中心；宗祠称为敬爱堂，规模宏大，位于全村中心地段，大凡全村的祭祀活动都在此进行；属支系的事务则在支祠进行。徽州居住建筑群以宗族祠堂为中心，民居环祠堂而建具有很强的象征意义和宗法意义，突出宗族观念的核心地位，从而加强宗法制度控制下的家族团结，对促进家族发展有强烈的心理效应。

总的来说，由父权家庭结构而形成的宗法礼仪制度，对家庭之宅院影响巨大，所产生的四合院宅制更可谓源远流长，自古至今，变化不多。固然四合院有其优越性的存在，但更多的则是受到宗法礼仪制度影响的结果。

（三）传统民居形态中的等级观念和等级制度

中国社会的宗法制度以等级关系为主要特征，而千百年来，建筑被视为标示等级名分、维护等级制度的重要手段。作为宗法制度的一部分，建筑等级制度是中国古代建筑的独特现象，其影响为：第一，导致了传统建筑类型的形制化，建筑的等级形制较之于功能特色更显突出。第二，促成了传统建筑的高度程式化。

传统民居形态受到等级观念和等级制度的影响，逐渐形成"主从"等级观。住宅有明确的轴线，左右对称、主次分明，有严谨的空间序列，对称的布局，沿轴线空间等级的递进，反映了宗族合居中尊卑、男女、长幼的等级差别，用空间的差异区分了人群的等级关系，传统的礼教思想在此也得到了充分的体现，在满足了尊卑差异的同时，也为使用者创造了一个舒适、安静的环境。住宅空间主要由纵向进深的"仪式轴"与横向面宽的"生活轴"交织而成。纵向的"仪式轴"指的是从外门、内门、中庭、正堂至后堂的空间；横向的"生活轴"则是指"仪式轴"左右供居住、工作及用餐的空间，与靠横向的小巷连通，两轴线体现出当时人们的居住生活与礼俗文化。住宅的空间组织趋于严密，空间分划趋于细密，充满了人伦规矩之制约。

而根据家庭观念形成的中国文化的价值观，是以德之高低为原则定尊卑秩序的，透过规定各种生活形式的礼制，具体表现于居家之礼。合院建筑的主次分明、空间秩序严谨，充分反映了中国家庭制度特有的空间意象，这其中以宗法等级制度为主，而又渗入了中国古代的阴阳思想及各家的文化内涵，它们之间交相呼应、水乳交融，共同构成了一个"合院"的文化，并成中国传统民居文化之主流、精髓，以中原一带为核心向周围的华夏大地上传播出去。

合院建筑群中，轴线与对称布局有着明显的关系。如主建筑两侧对应的厢房用来突出主轴线的关系，又如主建筑本身开间的对称与宽度变化（居中明间最宽，其次对称的次间、梢间、尽间略窄，最外套间最窄）等；客厅、祖堂位于主轴线上，次轴线或为亲属住屋，或为跨院的书斋花园，或为厨房等，用法不一，但无不都突出了宗法礼仪制度在空间位序上的关系。至于内外的层次，如门厅外为邻、内为家，客厅外为来客活动区、内为家人活动区，而家人使用的进数又按辈分、地位区分：用人住前头，长辈女眷住后头。总之，正偏与内外都有"上下"的价值含义，"偏房""外人""上下"等名词都用建筑位置说明。在家庭制度上的反映，正是中国传统建筑的特殊之处。

作为中国传统文化象征的堂，则是中国传统民居中最珍贵的空间，是中国文化的结晶。传统住宅一般会体现出中国建筑独特的"门"与"堂"分立的制度。可以"堂"为中心，形成封闭的院落，而以"堂"为中心的院落式布局一经形成，就构成了我国传统民居布局的基本式样，经汉、唐、宋各个时期的改进，至明、清时期便形成了典型的四合院式布局。四合院中堂屋为明厅，三间开敞，可用活动隔扇封闭，便于冬季使用。一般堂屋设两廊，面对天井，正中入口设屏门，居住者日常从屏门两侧出入，遇有礼节性活动时，则由屏门出入。堂屋在住宅中主要用于礼节性活动，如迎接贵宾、办理婚丧大礼等，平时也作为起居活动场所，是整套住宅的主体部分。

大门是一宅的门第标志，礼的规制对大门的等级限定十分严格。低品官和庶人只许用单开间的门面，而在单开间门面中又依据门、框、槛位置的不同分成几种定式。除了门的大小尺寸，实榻门的门钉路数也是区分建筑等级的标志。最高等级的实榻门是九路门钉，为皇宫专用，地方建筑不见，向下依次是七路门钉、五路门钉为多见。格栅式的门则以制作精细程度和复杂程度来区分等级。北京太和殿的格栅门装饰三交六椀菱花，而其他殿宇则采用双交四椀菱花。随着建筑等级的降低，向下依次是斜方格、正方格、长条形等。中国住宅主要是依据门和堂的分立来构思的：堂是房屋的主体，门是一个标志，是轴线上建筑序列的起首，门和堂之间必须存在一个过渡，它体现出了中国社会极为重视的"礼制"思想，即内外，上下，宾主必须次序分明，先后有别。中国家庭的延续分合，有以"香火代言"的，香即指堂上祖先牌位的祭祀，火即指厨房的薪火。香火的分合，即指信仰与经济的分合。它是一个家庭面对天地、祖宗、文化的地方，堂前有庭有天地，堂中有祖牌有祖先，正是父权家族制而形成的宗法制度文化之精神。

第四节　中国传统民居形态的心理文化要素

一、信仰与传统民居

中国古代思想体系始于上古的原始崇拜。上古人类仰观天象、俯察大地，见星辰推移、昼夜更替、四季循环、万物生灭；面对自身又惑于生命的起源与结束。在恐怖、畏惧、迷惑的心理下，崇拜情绪因而产生。

最早的原始崇拜是对自然的崇拜。古人有"礼于六宗"的说法，所谓六宗，就是"天宗三，日月星""地宗三，河海岱"。可见天地尊崇的思想来源已久。

图腾崇拜是动物崇拜同人们对氏族祖先的追寻相结合的产物。值得一提的是，夏后氏先人以龙为图腾，龙兼具蛇、兽、鱼等多种动物的形象特征，反映了中国文化的融合性特点，凤也是如此。图腾崇拜或动物崇拜对传统民居建筑的影响是比较直观的，如瓦当上的图案，墙上的腰花、脊饰及细部的彩绘等。

对生殖的崇拜从母系氏族公社时期就已产生了。首先是对女性的崇拜，女性所特有的特点，如庇护、容受、包含和养育，传给了城市，形成了各种建筑空间形式。

进入父系氏族公社时期以后，人们对氏族始祖之神的崇拜转到男性英雄身上，这一转变是由图腾崇拜向祖先崇拜的过渡。祖先崇拜的观念，在周代发展成了宗法家族制度。后经过伦理化后，又具有了维护纲常道德的特殊意义。中国八德之孝的观念，也是源于此。祖先崇拜可以说是中国古代信仰的核心。

古人创造了许多丰富多彩的神话传说，而其中的某些神仙与古人祈求平安吉祥的愿望而相合，从而也出现在传统民居之中。如门上有"门神"、门后有门官、天井有天官赐福、井边有井泉龙神、厨房有定福灶君，等等。其中门神先以桃木刻像再悬于门户，后改为绘画，春节时各家均贴门神，再后渐改为贴春联。许多神仙还被收入道教之中，正如鸡和蛋，已不知谁先谁后了。

二、阴阳、五行学说与传统民居

《山海经》中有："伏羲得河图，夏人因之，曰《连山》，黄帝得河图，商人因之，曰《归藏》，列山氏得河图，周人因之，曰《周易》"。据此可以认为原始的阴阳学说，最早起源于夏朝。

乾坤者，阴阳之根本，万物之祖宗也。似乎是用阴和阳及它们之间的组合来概括自然界和人类社会的繁杂现象，可以说是哲学思维的萌芽。中国古代思想的二元性可以从阴阳上了解，而阴阳贵以中和，便是中庸之道。

阴阳思想包容性极强，所谓"万物之祖宗也"，如传统民居中的堂与庭院，有宗法关系的住宅房屋与园林的自由无束，造型上的直中有曲、曲中有实等，都可以用阴阳思想来解释。

五行说最早见于《尚书·洪范》，其上记载："五行：一曰水，二曰火，三曰木，四曰金，五曰土。水曰润下，火曰炎上，木曰曲直，金曰从革，土爰稼穑。"此是人们认识自然现象的纽结，是理论思维的开始。所谓东方为木，青色；西方为金，白色；北方为水，黑色；南方为火，红色；中央为土，黄色。土为至尊，统领四方，火可生土，为土之源，所以古代帝王多用红黄二色，而民间的传统民居建筑多数只能为黛瓦白墙，黛，即青黑色。

三、民俗文化与传统民居

民俗文化是各地区、各民族长期生活中积累而成的约定俗成的习惯风俗。中国民俗文化是在自然和社会的影响下，在传统文化的熏陶中逐渐积淀、形成、传承下来的，并形成了独特的温顺、平和，以及追求平安、祥瑞的民俗审美心理。传统民居是建筑艺术和艺术文化的结晶，其形式是与当时的生活方式、民间习俗紧密联系的。虽然各种民俗形式多样、繁复杂乱，但还是有一定规律可循的，可归纳为如下几个。

第一，由原始崇拜及信仰演化而成的各种传说神话，或者可说是信仰的民俗化、大众化。没有很深的理论基础，随各地区、各民族的经济类型、审美情趣、生活习惯的不同而不同。如各地区的脊吻、脊饰、腰花及窗格图案，保佑的图饰雕刻等。

第二，由阴阳五行思想演化而成，却又与各地区、民族的不同地形风貌及一定的气候等自然条件，以及一定的信仰结合而成的不同地区的风情民俗。

第三，由不同民族的文化相互交融而成，往往似像非像，规矩中有变化。如满族的西关八大家关宅，虽为合院制却做成圭角形平面，以十九间房屋围绕而成，院内四周以回廊连接。再如云南白族传统民居形式受汉族影响很大，但又有一定的灵活性。有时也有受经济条件的制约，本是合院的形制却先建两坊居住，余者以墙围合的形制。

第四，由不同民族文化而形成的民俗风情。如满族建房，不论外面宽为几间，均以西端尽间为主，将西屋叫上屋，西炕为至贵，供有祖先灵牌；再如朝鲜族传统民居，以房屋内部为活动中心，室内外没有高差，因而大多没有围院之类以供交往的室外空间，室内也没有正房、厢房之别，除了牛棚、草房、厨房，其他均为卧室。

第五，由不同地区的自然条件结合文化传统而成。如三合院形制到了浙江后变化为前后都有小天井的形制，这是浙江人长期生活经验积累而成的结果。

四、思维观与传统民居

中国传统民居反映了中国传统文化的人本主义精神，反映了中国传统文化的礼制思想和宗族观念，也反映了中国传统文化立足于农耕基础之上的宇宙观、环境观。同时，中国传统民居作为中华民族生活智慧和艺术才能相结合的产物，还表现了中国传统文化乐观向上的思想以及重体悟的整体思维方式。

首先，中国传统民居的思维观具有人本主义的整体和合特征。这种人本主义的整体和合可以溯源到远古时代的阴阳、五行和八卦思想。先秦时期的"三才"思想，其逻辑起点就是天、地、人是互相联系、整体和合的，即所谓"天生之，地养之，人成之"。而这种整体和合又是以人为中心，以人为本的。中国传统民居在类型和造型特点上的丰富性和多样性，反映了传统民居以人为本的自然适应性、社会适应性和人文适应性，反映了中国传统文化以人为本的实用理性精神。透过中国传统民居的布局，可以看出，无论是民居村落还是民居院落，都普遍强调以祠堂为中心的空间组织结构和由此而表达的群体性、集中性和秩序性特点。这显然就是整体和合的思维观的反映。

其次，中国传统民居思维观具有重体悟特征。中国文化的尚虚性和实用理性特征也反映和说明了中国传统文化的功能性特征和模糊性特点。《周易》释卦，《尚书》讲五行，《管子》讲气，重功能倾向愈明显，模糊性愈强。所谓模糊性，就是不能给予固定的形式化，从而决定传统文化的重体悟的思维倾向，主张主体对客体的认识在于直觉体悟而不是明晰的逻辑把握。在中国传统文化中，如道、无、理、气等重要范畴都不是言语所能穷尽的。对中国文化及其发展影响最为深远的"人与自然和谐相处"思想，其最终所要达到的目标和意境，也是只能靠主体依其价值取向在经验范围内体悟，而不能由语言概念来确指、来表现的。中国传统民居对这种直觉体悟性的思维精神的秉承则突出地表现在村落布局和院落的空间组织上。传统民居通过共生（生态关联的自然性），共存（环境容量的合理性），共荣（构成要素的协同性），共乐（景观审美的和谐性），共雅（文脉经营的可持续性）让人感受和体悟人与自然、人与人和谐相融的人居理想。

最后，中国传统民居具有象征性思维。所谓象征性思维，是用直观表现或具体事物表示某种抽象的概念、思想感情或意境的思维形式。传统思维的象征性特点与古人对宇宙整体的看法是密切相关的。《周易》借助具体的形象符号，启发人们把握事物的抽象意义；借助卦象，并通过象的规范化的流动、联结、转换，具体地、直观地反映所思考的客观对象的运动、联系，并借助六十四卦系统模型，推断天地人物之间的变化。这就是观物取象、立象尽意的象征性思维方式。这种思维方式渗透到古代科技、中医、民居选址布局和建筑营造等方方面面。

如浙江永嘉县的苍坡村，是以"文房四宝"来进行布局的："笔"用笔街来代表，笔街的笔尖直指西面笔架山，"墨"用笔街旁边的几块条石来代表，而村东、村南的两个池塘东池、西池就成了"砚池"，"纸"则是村墙围绕着的整个村庄。整个苍坡村的村落空间布局和环境景观象征着笔、墨、纸、砚这为人所熟知的"文房四宝"，以希冀后人才子辈出，人文荟萃的规划理想和愿望。

第四章　中国传统民居建筑装饰的载体类型

第一节　按艺术手法分类

一、雕饰

中国传统民居建筑装饰中，雕饰艺术占据着重要的地位，雕刻作品几乎可以分布在建筑的所有部位，主要表现为砖雕、木雕、石雕的三雕形式。从表现形式和题材上看，砖雕、木雕和石雕有许多共同之处，建筑中雕饰的题材极为广泛，有的有明确的主题和思想含义，有的单纯起到美化和装饰作用。在保留至今的历代雕饰作品中，许多题材内容不仅反映了民族风格、文化素养、道德观念和审美情趣，还能显示出中国民间艺匠的精湛技艺。

此外，砖雕、木雕和石雕由于材料质地和使用部位的不同，在雕刻的技巧手法上互有差别，各具特色。如木雕作为传统木构建筑中主要的装饰技法，常用于门楣、梁架、雀替、牛腿、门窗、格栅等处，精致的木雕装饰可以充分展现建筑构件之美。

传统民居建筑装饰中对三雕（砖雕、木雕、石雕）材料的选用不仅考虑使用价值、经济成本，还涉及一些材料的美学因素，如肌理美、色彩美、质感美等。在雕刻工匠根据不同装饰材料的性质对装饰构件进行雕刻加工之下，装饰材料能有机地与装饰题材、图案相融合，有时也能与自然环境相协调，成为独具匠心的装饰艺术作品。

①肌理美。材料的表面肌理同色彩和质感一样具有造型及表达情感的功能，肌理作为建筑构件的一种表达形式，在建筑装饰中发挥着重要的作用，肌理感强的材料，其纹样、质感往往更具感染力。在不同的空间氛围中，可以通过选用不同材料展现适宜的肌理美感，以达到较好的空间装饰效果，烘托出空间气氛。

②色彩美。不同的材料具有不同的装饰色彩，具体可细化为色相、纯度、明度

三方面。例如，物理体量相当的两幢民居建筑，会因其表面的装饰色彩处理不同，在视觉上产生不同的重量感，一般情况下，色彩明度更高的视觉感受重量较轻，而色彩明度更低的则较重。对于一幢建筑，当使用单一材料难以对其进行充分表现时，则适合运用色彩的变化规律将其进行重新组合和搭配，以协同展现出更好的美学效果。

③质感美。质感是指材料的结构性质，主要包括视觉和触觉两个方面内容。在不同地区的传统民居建筑中，由于选用的建筑装饰材质不同，其表现的装饰效果及建筑的整体风格也千差万别。材质的差异性会给人们带来体验的差异性，从而产生不同的心理感受，如石料、石砖比较坚固，其硬度、耐磨度高，因此给人以沉稳、大气之感；而木质、竹质材料细腻温和，给人以亲切、温暖之感。这些材质除了单独呈现装饰效果，还有相互组合运用的空间，这时的装饰效果也会更为丰富。

（一）砖雕

砖雕是以砖为载体的一种雕刻工艺，也是传统民居中极具艺术性和观赏性的艺术门类和形式。砖刻起源于汉代画像，在北魏、唐、宋、元、明的砖塔及陵墓中也有一些雕刻。

清代为砖雕的全盛时期，其分布广、数量多、技艺精，且绝大部分集中于民居建筑。砖雕在清代亦自成行业，彼时将砖雕谓之"花砖"，而砖雕的工匠称为"凿花匠"。从砖雕的物理性能上看，作为原料的青砖具有质地细腻、重量适中、防腐防水等优长，因此在色调、施工技艺等方面都能在民居建筑的整体与局部上有突出效果。砖雕装饰既如石雕般坚固耐用，又能像木雕般精琢细磨，在加工中运用雕、刻、塑、镂、凿、粘、磨、钻、锯、嵌等多种手法，最终作品具有柔性较强的平面视觉艺术效果和触觉、空间感强烈的立体造型艺术特质。

砖雕装饰的构成手法大体分为两种：第一种是烧制，即在湿坯上以泥塑或模压成型，入窑烧制而成。烧制的砖雕，大多用于门面与楣顶相交处，其层次较简单，棱角圆浑，适宜远观，加工起来便捷。第二种是技烧，是烧制的深度加工，缝隙细微，更加强化砖雕的艺术观赏性，多应用于门楣的四周。传统砖雕技法大致有别地、隐刻、浮雕、深雕、透雕和圆雕等，其工作步骤与程序大致分为以下六步。

第一，选择与准备。逐一选择质地结实优良、砖泥均匀细洁、素面平整细腻、色泽锃亮和砂眼少的青方砖，按所需尺寸进行创平、四周做直，旋即抛光和磨制。

第二，上浆贴样。先将石灰涂刷于青方砖上，再将画成的图画大样上浆，敷贴其上。

第三，描刻样稿。根据图画大样上的图案纹样，用小凿在砖上描刻，完成后揭去样稿。

第四，雕凿刻球。先将四周线脚刻好，然后进行主题的雕刻，待初步完成后，再进行凿底；砖块四周护匝以湿布，以备加固、清洁、保护之用。

第五，刊光修补。刊光过程需要先刊底、后刊面两个操作步骤，在前道工序漏或者有砂眼，则需要填补或修整。

第六，装置刷浆。将雕刻和磨光后的砖雕装置于预定处，石灰嵌缝，装置定当，并用砖灰加少许石灰，调匀成灰浆刷上即可。

明清时期的砖雕艺术，主要盛行于北京、河北、天津、山西、陕西、江苏、上海、浙江、安徽、江西、福建、广东等省市和地区，大多运用于传统民居建筑中的大门、门楼、屋脊、墀头、裙肩、墙帽、影壁、花窗等处。就艺术风格而言，北京、山西、陕西、天津、河北、河南、甘肃等北方地区的雕刻刀法概括，且雕刻风格大气；江苏、浙江和上海等江南地区的砖雕，技巧谙熟，工艺流畅，图式壮丽清新，格调细腻、高雅；徽州砖雕的气势轩敞，格局宏博，丰繁挺秀，浑然天成；闽、粤部分地区砖雕，工艺上以透雕、层雕、深雕为特色，立体感强；广东砖雕还与彩绘、灰塑、陶塑等装饰共处共荣，竞相争辉，所表现的题材内容也十分宽泛，将花卉、人物、动物、植物等图案组合运用，风格华美富丽，秀丽生动。

1. 江南砖雕

江南地区的江苏省、浙江省和上海市是我国明清砖雕艺术相对集中的核心地区之一，以明清时期的传统民居建筑砖雕装饰较为出名，具有砖雕数量多和技艺精湛的总体特征，并有较高的艺术价值。从总体上看，江苏、浙江和上海地区砖雕的雕工细腻，风格典雅，属于同一系统。

（1）苏州地区

苏州市吴中区和相城区是江苏省砖雕艺术的荟萃之地，吴中区东山明善堂是江苏省文物保护单位之一，其门楼中的砖饰精致，左右分别用圆雕手法雕刻有"麒麟送子""独占鳌头"；上枋深雕"程潭老祖一觉困千年"和"彭祖活了八百零三岁"两个神仙故事。门楼朝南一面，门帽正中浮雕"笔锭胜"纹样图案，"笔"寓意仕宦、"锭"象征富贵、"胜"为祥瑞辟邪之物，这组吉祥图案俗称为必定高升。十二块垫拱板又分别透雕石榴、梅花、荷花、桃子、菊花、牡丹、迎春、竹叶等植物，万字和古钱等图案，抹角分别采用透雕手法雕刻"荷花游鱼"和"喜鹊登梅"。

（2）上海地区

上海地区现存最早的砖雕是建于明代洪武三年（1370 年）的松江府城隍庙前门的照壁，距今已有 650 多年历史，现已完好迁至松江方塔公园内。照壁尺度宏大，画面布局宏伟，刻工细腻，技法以浮雕为主，画面以猿为主体，加之鹿、猴、龙、麒麟、元宝、如意、玉杯、灵芝、蝙蝠、摇钱树等装饰元素，有封侯（猴）、连（莲）笙（升）三级、福禄（蝠鹿）双全等寓意。

上海地区传统民居建筑的砖雕始于明代，盛于清代和民国，艺术样式与风格与苏南、浙北相似。清乾隆年间，是上海砖雕艺术发展的初期阶段，这一时期的砖雕装饰多以历史人物、神像和神话传说为题材，讲究精雕细刻，人物造型生动逼真，环境描绘贴切自然，如黄浦区天灯弄 77 号的传统民居建筑"书隐楼"，其最具特色的是门楼砖雕，其门枋上镌有"古训是式"匾额字碑，其意为"取法先王遵古训"，教育子孙后代要遵守先贤留下来的规范法则。门坊上刻有西昌伯磻溪访贤的故事，人物、马匹、姿态各异，栩栩如生。字碑两侧兜肚，右侧为周穆王朝见西王母图，西王母骑青鸾翱翔云间，下临碧波；左侧为老子骑着青牛出函谷关为关吏写书的图景。

楼前东西两侧厅与北房之间，各有一块镂空立体雕刻的砖雕屏风，东侧雕三星祝寿，西侧雕八仙游山，八个仙人似各具个性，砖雕背面则因地制宜相应雕刻了蝙蝠和云彩图案，周围有福寿无比图案的镶边，顶部正中是二龙戏珠，底部正中是鸾凤和鸣。作为罕见稀世的双面砖雕，充分显示了民间砖雕匠师的高超技艺。

清代同治年间是上海砖雕发展的中期阶段，砖雕题材以飞禽走兽、花卉、民间戏文故事为主。艺术风格浑厚、轮廓鲜明，如中山南路潮惠会馆内的"狮子盘球、八骏图"及龙、蝙蝠、鹤和鹿等砖雕。清光绪年间的民居建筑砖雕属于上海地区砖雕艺术发展的晚期作品，在艺术风格上，却反而接近早期砖雕特色，刀法细腻，着重刻画人物形象。在题材上多反映现实的生活片段，上海地区这一时期的砖雕艺术题材具有现实性，既反映了上海城市生活的部分内容，又凸显出上海砖雕着眼于现实的一大特色。

（3）浙江地区

浙江地区重视传统村落、传统建筑、传统文化的保护工作。传统民居建筑是人们在悠久历史发展过程中创造并传承下来的，具有地域或民族特征的居住建筑。传统民居建筑是一种艺术文化表现形式，它与社会发展、技术条件、自然环境和传统观念息息相关，又因各地气候、地理环境、资源、文化等差异而形成了丰富多样的建筑形式，生动地反映了人与自然和谐共生的关系。

龙游地处浙江西部，地形以丘陵和盆地为主，平原面积少且溪流密集。气候四季分明，日照充足，梅雨伏旱明显，属亚热带季风气候。优越的气候条件使得该地山间林木茂盛，水中物产丰富，适宜人类居住及作物生长。因此当地人能充分因地制宜，因材致用，使用杉木、黏土等丰富的自然资源，以各种雕饰装饰民居建筑。龙游位于浙、赣、闽、皖四地交界处，特殊的地理环境使周边地区人口频繁入迁或客居此地，各地民居建筑装饰文化随之传入。龙游雕刻手工艺人在继承当地传统雕刻工艺的同时，也主动吸收、融合这些外来的装饰文化与雕刻技法，使得龙游传统民居建筑装饰艺术呈现出地域多样性特点。此外，因政府确定将百工、手工业工种细化与专项扶持，使得龙游民间手工艺水平飞速提升，行业能工巧匠辈出，建筑装饰艺术迅速发展。因此，龙游地区的雕刻艺术工艺精湛，集浙式的气韵生动、徽式的典雅大方于一身，呈现出独特的地域风貌。

自明朝中期始，商品经济得益于市场的成长与交通的便利而日渐繁荣，龙游地区的社会经济在此推动下得到长足的发展。尤其是明万历以后，龙游商帮受徽人"流寓五方"的影响而迅速崛起，据天启《衢州府志》卷16《政事志》记载，有龙游之民"多向天涯海角远行商贾，几空县之举"。社会经济昌盛，民间财力雄厚，使人们的生活从物质到文化上都有所转变。《衢州府志》卷16《民俗》中记载，衢州府"近日隆（庆）、万（历）以来习为奢侈，高巾刷云，长袖扫地。袜不毡而绒，履不素而朱，衣不布芒而锦绮，食不鸡黍而炊金馔玉"，此时龙游地区人民的审美取向和生活方式开始由原来的淳朴节俭向奢华转变。

在此背景下，大批龙游商人在外经商积累了大量财富，年老返乡后倾尽财力修缮家宅院落，营造恢宏气势，以显赫门庭，光宗耀祖。因此，龙游地区的民居建筑构件中大量应用雕刻、绘画艺术作为装饰融于建筑表面，形成富贵华丽、气势磅礴的建筑装饰文化。同时，龙游历史上还曾出现过当地商贾云集的场面，除本地商帮的崛起，外来的徽商也南下开店、设坊，以建筑作为财富象征，与当时的建筑装饰在题材、雕刻技法、材质运用上都有不同，使得龙游地区建筑装饰风格在原有的基础上发生转变，其地域多样性更加凸显。

三门源是龙游地区一个聚族而居的传统古村落，自北宋末年至南宋咸淳六年（1270年）由翁姓和叶姓两大家族始迁并世居形成。村落因保存有大量的明清时期传统民居而成为该地区考察民居建筑及装饰艺术的宝贵标本。在村落现存的五十多幢古建筑中，其中叶氏古建筑群门楼上的罕见大型豪华砖雕装饰最具代表性，砖雕装饰布局细致严整，造型生动，工艺技法纯熟，题材上以融合地方戏曲文化为一大特色，因此，龙游三门源砖雕的艺术特征归纳为以下两点内容。

①独具匠心的构图与造型特征

三门源叶氏古建筑中现存的大型豪华砖雕门楼由水磨青砖搭建而成，为二柱三楼牌坊式的仿木结构，门楼表面饰有大量砖雕装饰。门楼整体以大门正中门楣题款为中轴线左右对称，表面砖雕装饰复杂多样，单一画幅间相对独立，布局整体和谐统一。砖雕依据题材内容上下分为六层排列，相同题材砖雕画幅大小相同，层间及画幅周围饰有回纹等纹样。

叶氏古建筑门楼的砖雕装饰题材种类繁多，除常见的传统装饰元素外，三座门楼上还嵌有二十三块婺剧砖雕。婺剧砖雕以刻画戏曲角色为主，角色的造型特征保留了婺剧表演艺术粗犷、夸张的精髓特色且性格、心理多依托动作形象表达。二十三幕婺剧片段通过雕刻工匠们在有限的画幅内以巧夺天工的技艺长留，人物比例夸张似木偶，表情生动传神，姿态栩栩如生，衣着精致还原，富有强烈的戏剧韵味和观赏性，达到"以形传神"的目的，如兰芝入座门楼中的《定军山》戏曲砖雕。

②精湛纯熟的砖雕工艺与技法

砖雕因具有比木雕更耐久、防火、防腐的特点而被广泛运用于三门源建筑门楼砖雕装饰中，其砖雕的雕刻技法具有明显的时代特征，明代早期构图简洁，刀法简练，清代开始便以工巧繁缛著称。一件砖雕作品需经过开料、选料、磨面、打坯、出细以及补损修缮六道工序得以完成。以门楼砖雕为例，在开料和选料阶段，首先需拟定门楼造型并放大样，依据所定尺寸开出所用材料的规格和用量。

所用砖材由精细泥土经人工淘洗去杂质后烘烧而成，一般选用特制水墨清细砖。水墨清细砖在水磨打磨至砖面平整后即可开始打坯。打坯是砖雕制作的构思阶段，雕刻艺匠在砖面上开凿出画面中前景、中景、后景的"大致轮廓"。在出细工序中将"大致轮廓"再继续深入刻画，直至砖雕作品成型。最后，利用火漆技术对存在断裂破损情况的砖雕局部进行补损修缮。

随着社会精神文明的进步，建筑装饰已逐渐发展成为一种文化符号。中国的传统文化符号是几千年传承下来的民族精神和情感的总和，具有鲜明的历史性、象征性和强大的生命力。三门源建筑砖雕的装饰题材、寓意与农耕文化联系密切，雕刻内容题材有祈福纳吉、驱邪避灾、伦理教化三大类，在三大类题材之下，装饰图样内容主要归为以下几种。

第一，以地方戏曲为特色的人物符号。人物符号主要对神话传说、戏曲唱本、名著故事中的人物进行表现。传统戏剧是农耕文化发展中重要的文化类型之一，其中"婺剧"（俗称"金华戏"）是浙江第二大剧种，深受龙游人民的喜爱。因此，以地域戏曲文化为内容的砖雕装饰是三门源叶氏门楼砖雕中的一大特色，这一特色被命名为"戏曲砖雕"。叶氏古建筑群门楼上的戏曲砖雕装饰工艺精良，内容以三国戏、列国戏、唐宋明清戏为主。这些戏曲砖雕整齐横向排列于"兰芝入座""荆花永茂""环堵生春"三座门楼的阑额望柱之间，共二十三台戏，其中包括《打金枝》《临江会》《铁笼山》《百寿图》《万里侯》等保留至今的经典剧目。

门楼砖雕还有关于神话传说的人物主题，主要表达古人对美好生活的向往，如八仙过海寓意各显其能；和合二圣寓意夫妻和睦、福禄无穷。此外，还有表现"渔樵耕读"的人物主题，如"荆花永茂"门楼中《耕历山》砖雕，其图案内容体现农耕文化下劳动人民的日常生产、生活场景。

第二，以生态理念为核心的动植物符号。农耕文化以和谐自然、顺应天道为精神内涵，"和谐自然"展示了古人们的生活理想，并成为传统民居建筑中重要的文化指导理念，是审美观、生态观形成的重要因素。在人与自然和谐共生的基础上，对动物、植物等生态资源的利用应取之有度。物种的丰富多样是三门源砖雕装饰题材使用大量动植物为图样的前提，同时，古人常用谐音取意、寓意双关的形式，将动物、植物本身负载的美好寓意和高尚品格应用于砖雕装饰中，如动物主题中的枝头画眉鸟表达喜上眉梢；五蝠绕一寿字称"五福捧寿"；鱼跃出水面象征年年有余；蝙蝠、神兽、喜鹊、鹿寓意为福禄喜寿。植物主题中则多用观之悦目且带有美好品质的植物，如梅花剪雪裁冰，一身傲骨；兰花空谷幽香，孤芳自赏；荷花出泥不染，洁身自好；菊花凌霜自行，不趋炎附势。

第三，吉祥纳福为寓意的几何符号。古时人们崇尚自然，以向上天祈福的方式来求取生活的幸福安康，随之创造出多种吉祥符图。这些吉祥符图不以实物出现，通常由更早期的装饰图形经过艺术加工再赋予吉祥含义，如古代汉族神话中"西王母"所戴发饰的造型衍化成的方胜，寓意优胜、同心；古代陶器、青铜器上的雷纹衍化成的回纹，寓意福、禄、寿等事的深远久长。这些带有吉祥寓意的几何符号常采用二方连续或四方连续的方式进行组合，应用于边框条隔内或其他砖雕的画幅周围。

第四，陶冶情操为乐趣的风景符号。农耕文化影响下，人们亲近自然，有游山玩水的闲情雅趣。早在西周时期，就有万物萌动之时，迎春郊游于野外的礼制。先秦时期，齐国有"放春三月观于野"的习俗；鲁国、楚国有春日出游的习惯。这类春季到郊外散步游玩的民俗活动有着悠久的历史，其源泉就是远古农耕祭祀的迎春习俗。龙游地区地理环境优越，山林众多，自然风景秀丽，为当地人踏青出游提供了良好条件。三门源叶氏古建门楼砖雕装饰中所采用的风景符号均源自当地及周边各县具有代表性的自然风景名胜，精美绝伦的砖雕艺术展示出人们对自然美景、陶冶情操的向往，更是人与自然和谐共处的具体体现。

2. 徽州砖雕

徽州传统民居外观的素白与门面的砖青、墙体大面积的虚白和门头、漏窗等处的精雕细琢形成鲜明的对比。同时，房屋整体的空旷与雕刻部分也构成了强烈的对比，而对比中产生的和谐之美当应归功于建造施工艺匠和砖雕艺人，这就要求民间艺匠应当具有建筑学家的眼光，把握雕刻与建筑、雕刻与环境气氛之间的关系。

徽州砖雕主要集中在徽州民居的门罩、门楼和窗孔三个部位上。徽州民居门楼分独立式门楼和牌楼式大门两类，做法相类似，分为上中下三段，中高旁低，檐下额枋，两侧倒悬莲花柱，与砖雕花篮等浑然一体。牌楼式又有八字墙牌楼与四柱牌楼等形式，高低参差，错落有致。翼角微翘，斗拱分层出挑，节奏鲜明；四柱巍然屹立，以小见大；罩式大门为披檐屋面，额枋砖刻图案，工艺精细；砖雕漏窗形式多样，或几何图形，或珍禽异兽自然图形等。

徽州砖雕具有多样性的特点，砖雕装饰风格或粗犷古拙，或洗练简朴，或疏朗隽永，或精致细腻，其雕刻刀法技巧也是异彩纷呈。在明代浮雕多、透雕少；清代透雕多、浮雕少；而晚清的砖雕技艺日趋精进，雕刻作品深浅浮透、圆润犀利，层次与立体感凸显，雕刻内容有亭台楼阁、草木虫鱼、日月星辰、春夏秋冬、飞禽走兽、人物仙子，雕于砖上栩栩如生，惟妙惟肖。

徽州砖雕具有题材广泛的特征。徽州人杰地灵历史悠久，文化蕴藉深厚，蜚声中外，徽商在外经商，满腹经纶，业绩辉煌，且不少能进身仕途，光宗耀祖是其理想。他们或贾而好学，或学而好贾，两者相渗，凝成一体并逐渐投射在朝夕相处的居住环境中，外化、物化于民居暨砖雕上，尤其是系列组雕，如戏曲人物、民间传统、地方掌故、风情民俗等，无一不浸润着徽派文化的风尚，具有一定的认知价值和审美意义。

徽州砖雕技艺精湛，尤其是巨商豪贾、缙绅贵胄的府邸，更是不惜工本，力求建筑装饰精雕细镂。有时为了突出户主的身份和社会地位，门坊上除刻有进士第、大夫第等楷书大字外，门楼上还镂空雕琢有文王访贤、连中三元、五子夺魁、八骏图、龙凤呈祥等栩栩如生的人物、亭台楼阁等装饰元素。有的图案运用高浮雕、透雕和镂空等技艺，反复镂透雕琢四五个层次的造型，其画面内容生动、图形逼真、层次分明且与房屋整体风格十分协调。

3. 临夏砖雕

临夏旧称河州，历史悠久，文化发达，为古丝绸之路的南道重镇。临夏砖雕始于秦汉，兴于唐宋，成熟于明清，完善于当代，吸纳了临夏多元文化的元素，凝结着各族人民的智慧。临夏砖雕主要以其浓郁的民族特色，古朴典雅的艺术魅力，出神入化的表现手法，成为中华民族优秀传统文化的一部分。临夏回族一方面具有独特的回族风情，另一方面又融入与其他民族的共存互融和文化交流中，砖雕艺术也受宋代以来中原文化和汉民族雕刻的影响，形成了既有民族和地域特色，又具有多样性、多元化的基本特征。从装饰部位看，临夏砖雕主要集中在建筑物的山墙、影壁、券门、山花、墀头、屋脊等处，以作画龙点睛之功。从装饰题材和内容看，临夏砖雕主要表现中国传统的祈福纳祥图案、山水花鸟以及卷草纹、祥云纹、几何纹等装饰纹样。

临夏的八坊民居布局呈现出对称封闭式的四合院，其民居建造过程中讲究对称、均衡的布局形式，建筑方位大多坐北朝南。八坊民居的四合院有大小之分，以家庭的经济实力作为划分的主要依据。八坊十三巷之一的北巷里，有一座清代砖雕影壁，据石碑记载：北寺影（照）壁，建于清乾隆辛酉年间（1741年），距今已有280年，是临夏现存最古老的大型砖雕照壁。影壁全部由青砖垒砌，墙体历久弥坚，砖缝致密紧凑，建筑技艺堪比现在的水泥光墙彩线划砖，其顶部雕刻有中国传统建筑的斗拱、椽梁，脊顶的右侧为龙，左侧为彩凤，青瓦丹墀，富丽端庄，浑厚中正。

马步青东公馆建筑群多用砖雕进行装饰。刚进入一字门，便能见砖雕拱门，艺匠采取雕刻与镂空相结合的灵活处理手法，在拱门的门楣和拱边上面，雕刻牡丹、经文图案。逼真的花瓣玲珑剔透，层次分明；硕大的花朵典雅雍容，枝叶扶疏生机盎然。门楣采用仿木四层结构营造，以花卉蔬果、行云流水等题材，雕镂刻饰于各层，构成精美繁冗的洞门。在迎门的影壁上，巨幅《江山图》砖雕气势恢宏：旭日高升，山势峥嵘，广袤的天空云彩朵朵，波光粼粼的江河环绕岛屿，天水之际，小岛点缀，楼阁掩隐其间；远处水面，船帆点点，依稀可辨；千里江山，尽收眼帘。画面左上行草书题曰："闲摘柳条编太极，细分花瓣点河山。"《江山图》四周运用深浮雕和透雕技法，浅刻深雕一组博古图案，精致而玲珑。洞门的正前方墙壁上，砖雕《松月图》颇见真意：明月当空，古松盘郁，群岩隙间，清泉湍急，山花烂漫。概括传神地演绎了唐代诗人王维"明月松间照，清泉石上流"的神韵和意境。

在正院南边两侧坎墙上，左有《红日牡丹图》砖雕，右有《荷花玉立图》砖雕，观其大处，则落幅严谨，层次分明；观其细部，则运线流畅，质感凸显；观其工艺，则精雕细刻，舒展微妙，具有较高的艺术价值和技术含量。此外，在东公馆的回廊上，砖雕连绵，其题材多样，山水、花鸟、虫鱼、竹石，一应俱全，可谓琳琅满目，不胜枚举。因此，东公馆素有甘肃"砖雕集锦"之美誉。甘肃临夏的回族砖雕，在制作工艺上有捏活、刻活之分。捏活是先将配制的黏土泥块，用手、模具捏塑成各种造型、图案，然后入窑焙制成砖；刻活是直接在青砖上刻雕塑镂，然后组接配整，遂构成画面，题材多见山、水、日、月、花、鸟、兽、竹、鱼、博古、楼阁之类。

（二）木雕

木雕是以木材作为雕刻载体的雕饰工艺，起源于新石器时期的中国，木雕常见的雕刻手法有浮雕、透雕、线雕、嵌雕、贴雕等。秦汉时期的木雕工艺已经趋于成熟，元时期由于海外贸易的快速发展，由海外进口回国很多硬质木材，木雕可选用的木材种类有所增加，此时的木雕工艺也相应得到快速发展。明清期间是木雕艺术的辉煌时期，传统民居建筑中的木构件雕刻也在此时达到繁荣。

在我国，木雕作为民居建筑中的装饰之一分布较广，风格流派众多，一般以区域划分而定，如浙江东阳木雕、广东潮州金漆木雕、福建龙岩木雕、浙江乐清黄杨木雕、福建泉州木雕以及徽州木雕等，由于不同地区具有不同的民俗风情和文化背景，因此不同的木雕风格具有浓郁地方特色。

1. 东阳木雕

浙江东阳以"雕花之乡"而著称，东阳木雕艺术始于唐代，在宋代得到快速发展，明清两代达到巅峰。木雕之所以能在东阳盛行，是因为该地盛产适于雕刻的木材，如樟木等。同时，东阳木雕拥有一套独特的雕刻技法，如浮雕、圆雕、透空双面雕、阴雕和彩木雕嵌，其木雕技艺精湛，具体的表现题材有人物、山水、飞禽、走兽、花卉、鱼虫等。

东阳木雕能应用在传统民居建筑装饰和家具、器具装饰等各个领域，尤其在建筑装饰的牛腿、猫儿梁、垂花柱、雀替等木构件中，雕刻的层次分明、逼真传神，在雕刻的过程中保留木质的原有色泽和纹理，能通过木雕装饰题材表达所蕴含的装饰寓意。

2. 徽州木雕

徽州木雕的装饰题材广泛，雕刻手法多样，包含有线刻、浮雕、圆雕、透雕等，对木雕的选材以松木、杉木、樟木、楠木等为主。徽州木雕主要应用于传统民居建筑装饰、家具装饰中，并以建筑要素或构件中大面积应用木雕雕刻为特色。木雕雕刻的内容有男耕女织的场景、渔樵耕读的田园生活，更多的则是神话传说、历史故事、古典小说、戏曲人物等内容，其雕刻的主题内容反映了居室主人对生活的美好憧憬与追求，如将"福、禄、寿、喜"汉字作为装饰符号，其表现的寓意与中国传统的吉祥文化相符。

（三）石雕

石雕是以石材作为雕刻载体的雕饰工艺，在旧石器时代，石雕开始出现并一直沿传至今。石材质地坚硬、耐磨，具有很强的抗压能力和稳定的物理结构。因此，石材既可以作为建筑用材，也可以在表面进行装饰雕刻。石雕艺术的创作会因不同的历史时期而出现相应的变化，如受不同的社会环境、社会制度和审美追求等因素影响产生差异。

浅浮雕的雕刻内容相对单一，高浮雕的雕刻内容较繁复。石雕的装饰重点一般是民居建筑，多见于进户门两边的石狮、门楼、梁和柱础等地方，其雕刻的装饰题材主要来源于人们常见的生活场景和对美好生活的向往，如石狮的造型既威武雄壮又美观大方，作为门墩摆在大门口，寓意趋吉辟邪，也能彰显权势，是户主身份、地位、权利、家庭兴盛的象征。石雕装饰整体风格朴实淳厚、美观大方，雕饰的形象生动逼真，沉稳大气，富有立体感，在民居建筑装饰中具有不可替代的位置。

二、彩饰

彩饰是指覆彩于土木之上的装饰，是对建筑木构、墙面等处进行粉刷与涂抹而形成的装饰艺术。据考古发现，仰韶文化在早期半穴居建筑的底部与穴壁有以细泥涂抹面层的痕迹，以及西安半坡遗址建筑屋盖的草筋泥表面也有以白细泥土光面的现象，均可视为一种最古老的粉刷方法。宫殿等高级建筑物涂饰墙面，外墙面为红色，内部建筑为白墙红柱，这种彩饰墙面发展到明清时期的传统民居建筑装饰中表现为涂刷油漆，在起美化作用的基础上，还起到防腐、防潮的作用，能延长木构件的使用时间。

彩画是彩饰最常用的形式，风格派别主要有宋代彩画和清代彩画之分，宋代彩画可分为五彩遍装、碾玉装、青绿叠晕棱间装、三晕带红棱间装、解绿装、解绿结华装、丹粉刷饰、黄土刷饰和杂间装九种；清代彩画主要分为和玺彩画、旋子彩画和苏式彩画三大类。彩画在建筑物中常应用的部位以天花彩画、斗拱彩画为主，其中又可以将天花彩画分为"软天花"和"硬天花"。

三、泥塑、陶塑、灰塑

泥塑、陶塑、灰塑属于传统民居建筑中的雕塑艺术，针对不同的材质，其制作手法、装饰效果及流行的区域都各有差异。

泥塑也称彩塑，主要用于传统民居建筑的板瓦、勾头滴水、脊吻兽、走兽及各种脊饰处。制作的主要手法是制造所需形状的泥胎，并将其烧制成陶制品和琉璃制品，安装在民居建筑的屋脊上。追溯历史，砖瓦的烧制在西周时期出现，到秦汉时期出现了有纹饰的瓦当和栏杆砖，隋唐时期的泥塑进入快速发展期，如敦煌莫高窟的彩塑型造像等，明清时期建筑屋顶装饰布局再有发展，泥塑的内容和造型有了很大的变化，风格可大致分为北方官式风格、江南地区风格和其他地方风格三大类。

我国南方民居建筑盛行在屋脊或墙上施以泥塑装饰，屋脊和房屋正面牌楼护栏上，都是装饰的重点部位，塑造的题材也种类繁多，如人物花卉、鸟兽虫鱼、麒麟龙凤等，具有吉祥如意、平安祈福等装饰寓意。南方民居建筑泥塑装饰的一般做法是用白灰、细沙、棉花、红糖汁等为原料调制成灰泥，然后用灰泥作底，按固定的图案用五彩碎瓷镶贴或涂刷色粉。

陶塑在新石器时代已经出现，主要应用在陶器的表面，塑造鸟、兽、人物等形状。商周时期的陶塑主要用于青铜礼器的器形上。在秦汉时期，陶塑便开始应用到传统建筑上，如西安陵墓雕塑中的秦俑。陶塑在隋唐五代得到全面发展，堪称中国雕塑史上的黄金时代，用陶土塑成所需形状后烧制而成的建筑构件，多用于屋顶部。

陶塑材料分为素色和彩釉两类，素色也就是原色烧制，釉陶则是在土坯烧制前先涂上一层釉。釉陶色泽鲜艳，防水防晒，经久耐用，但造价较高。陶塑材料较粗重，成品主要靠烧制而成，实用性强，但工艺不如灰塑精致、逼真，用在距离较远的屋脊上，构件具有一定的象征意义。

灰塑俗称灰批，是流行于广东省广州地区的一种传统雕塑艺术，主要分布于广州市区和增城、从化一带，在传统民居中较为常见，为国家级非物质文化遗产之一。据记载，灰塑在唐代已经出现，宋代得到普遍应用，明清时期灰塑装饰在祠堂、寺观和豪门大宅建筑盛行。

灰塑的制作有一整套独特的工艺技法，它以白灰或贝灰为原料做成灰膏，然后在建筑物上描绘或塑造成型。灰塑的制作不需烧制，可现场施工，具有因地制宜、因材施艺的灵活性和便利性。

灰塑作品的装饰题材丰富，包括花鸟鱼虫、民间故事、吉祥元素等，并主要以浮雕和半浮雕的形式进行表现。灰塑作品的整体造型手法概括简洁，呈现立体和半立体的形态，人物与景物在造型的过程中以"人大于屋，树高于山"的方式突显人物的造型，使人与景相得益彰。在色彩的表现上，灰塑以大色块表现为主，且应用较多的自然色。

四、嵌瓷

嵌瓷是一种现场施工的陶片镶嵌技术，是将彩色陶瓷片剪成所需要的形状，然后嵌入未干的灰泥表面的一种艺术。嵌瓷的作品可以在表面进行上色或描金线处理，运用在人物的帽冠、盔甲、武器及楼台亭阁的边缘处，使之更加美观、华丽。工匠师傅把五彩的瓷碗剪修成形状各异的小碎片，拼成各种装饰图案，并应用于屋顶装饰，这种特殊的装饰效果深受闽南、粤东人民的欢迎。

五、水车堵

水车堵在闽南方言中指很美的墙上斜堵，是建筑物墙上靠近屋檐处的一种装饰，具有墙头收边的作用，盛行于闽台地区。水车堵整体为一种水平带状装饰，堵内布置山水人物泥塑或交趾陶艺，两端要有自然的收尾。水车堵本身常分段，划分为堵头、堵仁两部分。堵头主要起到边框作用，工艺难度较高，图案多为盘龙、蝴蝶、蝙蝠或云雷纹，线条极为细致；堵仁是主体部分，常以山水花鸟、亭台楼阁、人物为题材，表达忠孝节义或者祥瑞景物、男耕女织、耕读渔樵等内容。

第二节　按功能结构分类

一、屋顶

世人习惯于将中国古代建筑称为大屋顶建筑，可见屋顶在中国建筑造型上的特殊地位。于中国人而言，屋顶是建筑中与天最近部分，蕴含了我国古人崇尚自然，追求"天地人合"的自然观和宇宙观。

（一）屋脊

屋脊是传统两坡屋面顶端的接合部和分水线，在能稳定房屋结构和预防雨水渗漏的同时，还有协调房屋体量，增加屋顶轮廓视觉效果的美学价值。传统民居屋脊包括正脊和垂脊，一般为两坡一脊，即一条正脊和四条垂脊。

屋脊的装饰是屋顶装饰的重点，处于建筑构件最高位置的正脊装饰最为庄重，屋脊的装饰特征形式多样，且能因地制宜地呈现独特地域性和民族性。整体上看北方民居多浮雕和圆雕，具有朴茂俊朗、各显风采意态的特点；南方民居多透雕，尽显玲珑剔透之美感，如明清时期徽州民居均为小青瓦覆盖的坡面屋顶，马头墙高低跌落的墙垣两侧，伸展着长短不一的"斗式"或"雀尾式马头"，雀尾下有薄砖做成"金花板"护墙。明清时期苏州民居屋顶以硬山式为主，用蝴蝶瓦"压七露三"的构造手法，其下面铺设望砖，近檐口的部分用石灰加固，瓦头设花饰和滴水。

屋脊装饰按用材和工艺来分有泥塑、陶塑、灰塑等，其中以灰塑和泥塑的艺术效果最为突出和精彩。现存最具规模的脊饰当属广州陈家祠，陈家祠屋脊装饰主要由陶塑与灰塑组成，正脊布满二百多个不同的人物及鱼龙纹装饰，垂脊有造型独特的灰塑独角狮等局部装饰。陈家祠屋脊装饰题材内容丰富，大量应用了不同人物的造型，还应用了各种飞禽走兽、奇花异草等装饰元素。再如广州陈家书院，装饰题材内容多样，主要表现"群英会""桃园结义"及"二十四孝"的故事情节，建筑脊饰上应用方胜、如意、植物、神仙等图案做装饰，以屋脊的装饰提升了传统民居建筑的艺术性和文化内涵。

（二）瓦当

瓦当也称瓦挡、瓦头，是民居建筑中覆盖檐头筒瓦前端的遮挡物，瓦当的主要功能是阻挡上瓦下滑，起到保护屋檐的作用。

瓦当历史悠久，距今已有三千余年的历史，秦汉时期是中国建筑瓦当技术与艺术发展的巅峰期，秦汉瓦当纹饰题材丰富，动植物、文字和自然纹样各异其趣，形神兼备。秦汉的文字瓦当具有气韵醇厚、手法高妙的特点，是中国文字瓦当的代表。汉代四灵瓦当（青龙、白虎、朱雀、玄武）威严肃穆，题材图案具有代表性。两汉以来，魏晋瓦当以云纹为主，文字瓦当锐减，其中北魏洛阳时期以莲花纹和兽面纹的装饰纹样为特征，该类瓦当纹饰在隋、唐时期广泛流行。从宋代始，兽面瓦当逐渐取代莲花瓦当，并传到北方的契丹、女真和西夏，并一直延续到元、明、清和民国。

（三）悬鱼

悬鱼位于悬山或者歇山建筑两端的博风板下，垂于正脊，多以木板制成，起到遮挡隙缝的作用，悬鱼属于中国传统建筑装饰符号，是我国一种标志性的装饰语言、元素。

我国传统民居中悬鱼的造型形式、纹样、材料会因地域不同而产生差异，例如在山西、内蒙古地区的悬鱼装饰图案大多应用如意、卷云、鱼形等；在福建地区传统民居的悬鱼多采用垂带形和鱼形等，具体在福安一带的悬鱼造型比例较长，其正面一般雕刻有吉祥文字，下面悬挂有透雕的鱼形图案；闽南地区的传统民居悬鱼装饰丰富而繁冗，表面的装饰图案大多为具有吉祥寓意的器物花草；丽江纳西族传统民居的山墙悬鱼，其具体式样需要根据住宅等级、性质规模和质量而定，基本上以直线和弧线两种样式为主。

二、墙体

中国传统民居由梁柱构架体系与墙面立面围护体系整合而成，构筑的空间框架呈围合模式。其中山墙面积较大且暴露在外，而在其上进行装饰处理，不仅可以保护墙体，还增强民居外貌的艺术效果。山墙分为墙头、垂带、山墙面三个部分。

墙头即山墙顶部，装饰形式多样。造型有平行式、阶梯式、弓形、鞍形或多种组合式，高度随屋面的坡度做成一跌、二跌或三五跌等，或直接用脊角装饰，装饰效果简洁朴素。

垂带位于山墙的檐下，垂带装饰一般从顶部延伸到底部，其底部装饰题材通常采用"草尾"（也叫"鲁班符"），代表吉祥如意，图案花纹有复杂和简单之分。南方地区的传统民居山墙垂带装饰通常采用"线、肚"等装饰图案，"线"指"模线"，较宽的称为"板线"，较窄的称为"条线"。将"板线"表面划分成小块区域的部分称为"肚"，在"肚"的表面上可以采用不同题材进行描绘，如"山水肚、花鸟肚、人物肚"等题材。

传统民居的大部分山墙面无须作特殊的表面装饰处理，一般用白粉墙或青砖墙，通常呈现出材料的本来色彩。小部分山墙如果作装饰处理，通常做法是用砖进行排列并组合成几何图案，并以碎瓷、瓦片加以贴面做装饰。

此外，传统民居的墙体立面也会受到地域特征的影响，如马头墙，马头墙分布在安徽、江西、湖南、湖北、浙江一带，马头墙形式有平行阶梯形、弓形、鞍形等，其中徽州地区的马头墙最具代表性，其墙头部分造型丰富多彩：有的露出人字双坡屋脊，山尖突出，墙脊一体；有的高出屋脊，做成弓形或云形，舒展自由；更多的是将高出屋脊、屋面部分的顶端做出层层跌落的水平阶梯形。

三、梁柱

（一）梁

中国传统民居建筑以木构架结构为主，大致分为抬梁式、穿斗式和井干式。抬梁式结构特征是沿着传统民居的进深方向，在石础上立"柱"，在"柱"上架"梁"，在"梁"上应用多层"瓜柱"和"梁"，最上面的"梁上"立"脊瓜柱"，从而构成一组"木构架"。接下来，在平行的两组"木构架"之间，用横向的"枋"联通"柱"的上端，并在各层"梁头"和"脊瓜柱"上安置若干与构架成直角的"檩"，"檩"具有承载"屋面"重量和联系"构架"的作用。抬梁式木构架因具有"用柱少，跨度大"等特点，可以营造出传统民居建筑开阔的空间形式。但抬梁式结构中采用大量的横梁，并需要整根木材作为屋顶的支撑，也因此耗费了较多的木材，且由于抬梁式结构并不构成三角形的架构，所以抬梁式的整体稳定性还存在有一定的不足之处。

穿斗式结构特征是沿着传统民居的进深方向立"柱"，"柱"与"柱"之间的距离较密，"柱"直接承受"檩"的重量，不采用架空的"抬梁"，而以多层的"枋"贯穿于"柱"与"柱"之间，从而组成若干组的"构架"。穿斗式结构用料较少，可以预先拼装成整体屋然后再进行统一的安装，便于施工且网状结构的牢固性较强，整体结构具有高度的完整性。但由于采用大量的"柱、枋"相互连接，导致传统民居室内没有贯通的大空间，也因此在宫殿、寺庙等大型建筑中无法采用穿斗式结构。

井干式结构特征是不用"立柱"和"大梁"，一般采用矩形和六角形的木料，并将其平行向上层层堆叠，在转角处的木料端部进行交叉咬合，从而形成传统民居房屋的四面墙。由于井干式结构需要大量应用木材，不够经济划算，所以使用广泛程度不及抬梁式和穿斗式，但在多树木、材料充足的地区，井干式结构仍然使用至今。

北方地区传统民居建筑大多运用抬梁式构架方式，南方地区常见穿斗式构架。鉴于此，许多传统民居建筑中采用抬梁式结构与穿斗式构架混合使用，即在房屋两端山墙面用穿斗式构架，中部采用抬梁式构架，从而达到取长补短的作用。

不论是何种木架结构，"梁"和"枋"都是进行装饰的重点部位，而"梁"和"枋"的装饰可分为整体形象塑造和局部雕饰添加两个部分。从现存的唐代至明、清时期大量传统民居建筑中可以看出，"月梁"是"梁"和"枋"整体形象塑造中最主要的形式。"月梁"由于其形如天上的弯月而得名，是将梁身加工成中间略向上凸起，而两头下弯的形态，这一形态在力学上比平直木材承受力更大，既能给人以心理上的安全感，还能在视觉上减少"梁"和"枋"的呆板感。"月梁"的具体造型没有固定形式，从现存实例中可见"月梁"造型有长有短，有弯曲如弓形的，也有平缓渐进的，其形式生动并富有变化，主要根据"梁"和"枋"所在位置和建筑造型、装饰风格具体确定。

"月梁"表面常采用"虾须"的装饰图案，用刀刻出的弧线顺着梁两肩翼延伸、翻卷到梁的垂直面上，由宽至窄，末梢纤细成一尖峰，形似虾须。虾须刻纹的走势自由、舒展，没有固定模式，但通常是左右对称且圆润饱满，并富有一定的形式美。此外，虾须末端还有如植物卷草、浮云等图案点缀，使"月梁"更具有一定的装饰效果。

除"梁"和"枋"两端的雕刻装饰外，"梁"和"枋"两侧的中间部分也是雕刻的重点部位，常见的雕饰有花草动植物或戏曲场景等。更为讲究的做法是将双龙戏珠、戏曲场景等透雕集中在桃形、扁圆形框内，周围饰以植物卷草纹、几何纹等进行装饰，如主要厅堂门上方的"骑门梁"就常用这种处理手法。

（二）柱

在中国传统民居建筑中，"柱"主要负责承托梁架结构及其他部分的重量，是建筑物中垂直于地面的重要结构件。"柱"分为柱头、柱身和柱基三个部分。柱头一般承托梁枋，旁边有斗拱、牛腿、雀替等构件加以支撑；柱头以下、柱基以上的中间绝大部分为柱身，柱身以木、石材质为主，并以圆木柱居多，柱基下垫有石础。

传统民居建筑柱基下的石础，功能在于吸水防潮，避免柱脚腐蚀。最初的木柱直接垂直于地面，并没有石础，后期为防止柱子的深入下沉，便在柱脚处搁置垫以石墩石块。石础的雕饰形式各异，有的石础表面不加雕刻纹样，其造型简洁、朴素，如宋辽金元明时期的覆盆式柱础；有的石础外轮廓边饰采用直线、回纹、云纹、卷草、拐子纹等装饰花边；还有的在石础表面进行精雕细琢，如清代的鼓形柱础中雕刻有花草禽兽、琴棋书画、渔樵耕读、文房四宝、双狮戏球，以及石榴、葡萄、蝙蝠、万字纹等。

垂莲柱是垂花门中"半悬式"且柱头向下的一对短柱，因其"半悬式"木柱（与立柱相对）的底部有花形雕刻而得名。垂莲柱出挑屋檐，在具有使用功能的同时节约占地空间，又具有很强的装饰效果。垂花柱柱头的装饰图案以花卉、鸟兽、植物等纹样为主，并具有一定的装饰寓意，如垂花柱以牡丹、菊花、莲花等花卉图案隐喻花开富贵、官运亨通；以莲蓬、南瓜等果实图案隐喻多子多福、四季丰收；还有以莲蓬与莲花、瓜与莲花等果实与花卉及其他装饰结合寓意美满和谐。同时，垂花柱的造型样式还成为门第高低的身份象征，因此，垂花柱在不同院落中的应用都表现为不同的规模和形制。

（三）斗拱、撑拱

斗拱，是中国汉族建筑特有的一种结构，在房屋结构中起到承重的作用，主要是将屋面的荷载经过斗拱传递并输送到柱身六角形、八角形、碗形、菱形等样式；"拱"是承接"斗"的方材结构，装饰一般仅有素面和浅雕手法。

斗拱是封建社会中森严等级制度的象征和重要建筑的尺度衡量标准。因此，斗拱大多使用于宫殿、衙署等礼制官式建筑、传统民居建筑中。在传统民居建筑中，除了贵胄、士绅等少数府邸中应用斗拱外，其他大部分传统民居中运用的是"撑拱"结构，"撑拱"的形状为长条木板或圆木棍，在不破坏原有力学作用的情况下，工匠会依据"撑拱"的形状在其表面进行艺术加工和装饰美化，有的仅简单加工为曲线或者其他几何形状，也有的将其表面用竹节、卷草、灵芝、云卷等图案进行装饰。

（四）牛腿

牛腿是为加强装饰效果由"撑拱"演化而来的，是填充在"撑拱"和立柱间三角形空白处的完整块状构件。牛腿的作用是将梁上的力分散传递给下面的承重物，由于牛腿表面积相对较大，可容纳更多的装饰内容，因此，在很多地区传统民居建筑中牛腿常是屋檐下装饰最为繁缛精细的构件。牛腿的装饰手法从仅有的浮雕发展为深雕、透雕等多种技法并用，装饰图案的内容也包括各式植物的卷草、花叶、灵芝纹，几何形的回纹、曲纹，器物的博古架、文房四宝，动物的龙、狮子，人物的文臣武将，以及由卷草顶端雕出龙头形成的草龙装饰变体等。

牛腿与梁枋、雀替组合搭配，整体装饰效果华丽，还有的甚至能作纯粹装饰构件成为独立的木雕工艺品。

（五）雀替

雀替是梁枋与柱之间采用榫卯结合的一个托座，在建筑结构中起到增强屋架横向的连接力度、防止脱落松散的力学作用，而后在建筑结构中雀替的装饰作用日趋突显，最终作为纯装饰性构件存在。

自雀替从南北朝的建筑中出现起，在以后千余年里变化出大雀替、龙门雀替、雀替、小雀替、通雀替、骑马雀替、花牙子七种不同样式。依据不同场景空间，雀替装饰也有所差异，如重要宫殿中雀替采用龙纹，次要宫殿用卷草纹，色彩以红地金龙或红地青绿卷草为首选，整齐排列后的形式和色彩观感统一、美观。而民居建筑的雀替则形式不一，其图案和规格通常随地域、建筑开间比例和主要装饰内容作协调，图案内容有亭台楼阁、花鸟树木、人物器物等多种选择，装饰效果也充分反映出乡土建筑装饰的多样性与丰富性。

四、门

中国传统民居中各类院门、房门的规格、款式形形色色、千变万化，但受限于森严等级制度，其形制变化自始至终仅在有限的范围内发挥创造，即门的规模和形式与主人的社会地位相互统一，不可随心所欲地改变。同时，院门和房门对民居建筑的规模、等级、档次具有重要的先导作用，因此民间素有"七分门楼三分厅堂"的说法。此外，门有打开和关闭两种状态，除起到主要交通要道作用外，还有通风、采光和装饰的作用。

（一）门户入口

中国古代历来重视住宅门户入口的营造与装饰，宅门入口作为出入之咽喉、吐纳之气口、贫富之表征、贵贱之载体，常被视为屋主的脸面，自古以来就是户主和家庭彰显社会、经济地位的标志和象征。

入户大门位于传统民居建筑正中间的醒目位置，其装饰风格繁多，并显示出浓郁的地域性，如四川的龙门、苏州的将军门、北京四合院的王府大门、上海的石库门、徽州民居大门、江西八字墙门等。

（二）栅栏门

栅栏门是一种通风兼防备的简易辅助门，其形式有单扇、双扇，也有少数为四扇。通常在我国南方如江苏、浙江、安徽、江西、福建、湖南、广东、广西等气候炎热潮湿省区的民居建筑大门前安置。从功能上看，栅栏门白天大门敞开，矮门关闭，也有人家在门前悬挂竹帘，以障视线。栅栏门整体有通风采光之益，其在狭窄、封闭的街巷中，向两侧延伸了空间，舒缓了沉闷、单一的空间氛围，具有较强的实用性。依装饰而言，栅栏门上端用棂子或图案纹样作为格心题材，下端裙板采用素板或者浮雕手法进行装饰。

（三）院墙门

院墙门的位置主要在庭院或园林中的墙面上，在檐廊和隔墙中的门称为"吉门"，这种"吉门"没有门扇。私家园林将住宅和花园融为一体，院墙门造型多样，其洞门的形状丰富多变，拱形的叫弯光门，八角形的叫八卦门，圆形的叫月洞门，还有常见的方形、瓶形、月形、扇形、树叶形、贝叶形、花瓣形、葫芦形、书册形以及弓形、半圆拱顶形、椭圆拱顶形、如意顶形等。此外，院墙门的边缘均用表面打磨光洁的细砖镶嵌，首尾接缝严实，逐个相连成门框，有的还在门框上做出线脚，使院墙门的整体不论远观或近看都具美感。

在园林院落中，院墙门能够供游人游览穿行，它是重要视觉景观的组成要素之一，还在园林景观中起到"框景"和"借景"的作用。

（四）隔扇门

隔扇门从唐末五代开始出现，又称"格子门"或"格扇门"。隔扇门的基本造型是由木料制成的木框，在木框之内由上至下依次为隔心、绦环板及裙板三部分，其中以隔心为主，为了便于采光和通风，隔心常用木棂条组成格网样式，一般用纸张或丝绸等材料在格子上裱糊以避风雨。随后，将隔心、绦环板、裙板组成一长形隔扇直接安装在两根檐柱间，并呈现出左右相连，扇扇相接样式。

明清时期，隔心的图案纹样种类繁多，包含植物、动物、文字、装饰几何纹样等。如植物纹样有荷花、梅花、海棠等；动物纹样有蝴蝶、鸳鸯、鱼等；文字纹样有万字、回字、工字等；装饰几何纹样有方胜、直棂、冰裂纹、斜纹、拐子纹、步步锦、灯笼锦等。这些装饰纹样相互组合、交叉，排列出变化无穷的隔扇门式样。

（五）铺首门环

铺首门环是建筑门扇上的金属附属物，作叩门和拉门之用。铺首是衔门环的底座，又称铜蠡、铜铺、金兽、金铺和门银，常以兽形镶嵌于大门上。而门环即为兽嘴中衔的金属门环。铺首门环材质多以铜制、铁制或贴金制成，也有用玉雕琢而成者。铺首在早期仅限寺庙道观和官府衙署建筑中使用，大约自唐宋以后才逐渐在民间建筑中得到广泛运用。

铺首的构成形状和装饰纹样大致可分为几何类，如圆形纹样、方形纹样、六边形纹样、八边形纹样；文字类，如寿字纹样、折字纹样；动物类，如虎纹样、螭纹样、龟纹样、蛇纹样；植物类，如有牡丹纹样、葵花纹样、莲花纹、瓜形纹样；人形类，如手形纹样、人头纹样；器物类，如元宝纹样、铜钱纹样、如意纹样、花瓶纹样。其中部分动物类纹样发源于史前人类对灵兽的敬畏和崇拜，在历代民间建筑中铺首多以龙、狮子等为主。作为门扇上的装饰物，铺首门环也体现出"图必有意，意必吉祥"的模式，如使用狮、虎等纹样，是人们希冀灵兽能勇猛搏斗，保护家庭人财安全的祈福心理的物化映射。

五、窗

窗是连接建筑内外的"通道"，作为传统民居建筑装饰重点对象之一，其造型基于用材的可塑性与墙体的非承重性而发展出更自由多变的样式，总体可概括为"有玲珑、讲通透、究虚实、偏线状"的传统审美特点，并着力与大自然共生共荣、融为一体的心理结构价值取向。

（一）格扇窗

格扇窗是传统民居建筑中等级较高的一类窗，其式样与格扇门几乎完全一致，由边框、隔心、裙板和绦环板组成。由于窗下方的墙称为槛墙，因此格扇窗也称作"槛窗"。徽州、赣北地区明清时期的格扇窗通常设置于厢房面向天井两廊的板壁上，亦有部分的槛窗下部为砖墙。

格扇窗依照上下来划分，以各式装饰棂格为界，可分为上半支窗和下半摘窗；依照内外来划分，共两层组成，外侧根条糊窗纸或安装玻璃，内层做纱屉。传统民居中的格扇窗一般左右相连，成单或成双置于槛墙或排列在两柱之间，通常每间四扇，也有六扇、八扇的，格扇窗两边为固定扇，中间两扇为可向内开启的活动扇，每扇隔扇样式保持一致。格扇窗大多用在宫殿、寺庙等大尺度建筑的大殿上，装饰比较简洁，宫殿多为几何图案，寺庙则多为莲花等图案。江南的传统民居一般用于厢房、次间和过道的槛墙上，装饰丰富多样，有甚者会将戏曲历史故事刻在绦环板上，一幅幅地形成连续木雕图画。

此外，为保证格扇窗观感、比例舒适，其具体长宽、尺度及装饰通常会因地制宜地调整开启面积，进行构图分配，如徽州、赣北地区明清格扇窗栏板高度与人的视线差近乎平行，因此，工匠将此处作为尽显身手的场所，在略显沉闷、庄重的正厅堂屋中以格扇窗栏板的各种透镂雕琢彰显虚实、光影、明暗、大小等要素的对比和变化。而江南地区房屋高敞或开间宽阔，为保证隔扇窗正常的长宽比例尺度，工匠因地制宜地进行构图分配，将隔扇窗的开启面积适当地往大调整。

（二）漏窗

漏窗，又称为漏花窗、花窗等，在中国传统民居建筑中，漏窗具有一定的功能性和装饰作用。漏窗与院墙门相似，仅在园林、院落的隔墙上开洞，而不加窗扇，为防室外雨雪的侵蚀，多用砖石筑造。在功能性上漏窗除了采光、通风、开阔视野、取景框景，还作沟通院墙两侧的空间，使它们隔而不断、相互流通之用。在装饰上有六角形、八角形、半圆、圆形、扇形、梅花形、叶形、方形、瓶形等多种形式；外围以砖框边，或用青砖或用浅褐色砖，与白粉墙区做区分；中间多用砖条、瓦片组成曲折多变的格纹。有时工匠为追求漏窗花纹的独特，会以铁片弯折花样再抹白灰成型，使得同一院墙上并列的漏窗样式各异，鲜有相同。

（三）微型窗洞

微型窗洞是一种尺度十分微小的窗户，在中国许多地区的传统民居建筑中可以见到。微型窗洞的出现主要是缘于古时的安全考虑，在男性外出时为防止外来侵扰，在建筑外墙上开出数量少、位置高而面积小的窗洞起到很好的保护作用，同时兼具通风、照明的微弱功能，一般仅有一人头大小，因此也被称作"人头窗"。微型窗洞大部分为方形，少数清代和民国时期建造的民居建筑中出现了花瓶形制，此外还有叶子形、八卦形、扇子形、瓶子形等多种形态，窗洞周围无边框镶嵌，但有时也会绘有平面装饰画等。

传统民居建筑的窗格纹样图案大致可概括、归纳为以下数种结构和形式。

1. 无中心式

此类形式并不注重构图中心的营建，以大面积疏朗均匀为特点，如直根、方格眼、井口纹、折纹、十字纹和锦纹等，大多出现于卧室等处。

2. 中心式

根据窗格图案及纹样特点，将主要内容放置于视觉的中心点上，从而形成中心式结构，也可以利用棂格的粗细、疏密、直曲等的对比而突显中心位置的窗格图案。

3. 多中心式

此类窗棂图案纹样一般有两至三个重点区域，区域之图案节点也有差异对比的变化处理，以圆形、矩形、扇形、六角形等格心为常见，并予以精雕细镂，攒接考究、细致，风格纤巧精进，极具装饰意味。

六、匾额楹联

传统民居建筑装饰的一个基本特征就是文字与建筑结合，二者不但融合形式广泛，且文化发展深远。

（一）匾额

匾额作为传统民居建筑装饰历史悠久、内容丰盈，涵盖明身份、示缘由、表颂词、咏喜庆、述仰慕、祈吉祥、寓抱负等多个方面，且无不寓意深邃而音逸弦外。古代匾额发展的黄金时期是明清时期，此时的匾额不仅在内容上进一步得到拓展，而且在形式上多变，如册页匾、书卷匾、画卷匾、秋叶匾、碑文匾、虚白匾，蔚成景观。特别是清代，又有汉、满、蒙、藏等文字同时书刻的匾额，争奇斗胜。

就使用环境而言，匾额运用的场所十分宽泛，既用于塔碑、牌坊等户外构筑物，也用于洞窟、名胜、摩崖等自然景观；既用于宫殿园林建筑，也用于院校堂馆、府邸民居、街市巷坊、店铺商肆等。而作为人居环境中的文字符号，匾额在不同空间、场所中都能以文字直观地体现出人生哲学、道德文章，还能折射出主人的身份、意趣、社会地位，有"悬于宅门则端庄典雅，置于厅堂则蓬荜生辉"的独特装饰效果。

（二）楹联

楹联就是书写、悬挂、镌刻在楹柱上的对联。传统楹联体现了中国文字的博大精深的特点。楹联在西蜀时期为作辞旧迎新的岁时活动而发源，由宋至明联句逐渐推广并运用在楹柱上，清代以后达到鼎盛时期。楹联依照不同的体例、标准可做多种划分，就其思想内容而言，可将楹联划分为概括描述事件、历史由来的缘由联；赞誉华夏大好河山的状景联；合景与情，达到情景交融的新境界的抒情联；宣扬学问、道德修养、做人治学以及处世原则的警世联；歌咏高雅志趣，寄寓美好向往的咏志联五类。

七、屏门屏壁

（一）屏门功能

屏门，又称仪门、中门，是室外影壁与室内板嶂屏壁的变体形式，常见垂花门式和座屏门式。屏门置于室内首先作分隔空间之用，即将公共空间与相对私密空间界分隔离;其次,具有阻挡视线和控制行为的功能,使行进路线"曲径通幽""先抑后扬",空间变化非一览无遗的状态、气局,与中国古代文化和艺术中的"内敛"等特质、取向遥相呼应。各地屏门功能相近,样式不一,会因户主的社会地位、经济实力、意趣口味等不同而歧出多样。如山西省襄汾县城关镇丁村的清代四合院,屏门高大,通体黑漆髹金,显得庄重而高贵;北京四合院屏门不如晋中、晋南民居屏门高峻,但装饰、雕镂和漆髹颇为醒目、炫丽富贵和奢华,主要以大红、翠绿、金黄、浅蓝等色为主;徽州、闽北等地民居宅院中的屏门,由于院落比较紧凑,多以素板构成,也有少数繁冗的样式;徽州黟县宏村承志堂屏门,屏门上端梁枋雕刻"百子闹元宵图",具体有舞龙灯、狮子灯、风灯、鱼灯及其他各式各样的花灯,还有敲锣、打鼓、放鞭炮、吹唢呐的,其人物千姿百态,活灵活现。

(二)屏壁功能

屏壁是传统民居建筑厅堂明间后与金桂之间的阻隔构件,在视觉上能作为厅堂的一个中心和底景,厅堂的室内布局常常围绕着这一中心和底景进行重点陈设和摆设。作为厅堂的室内视觉聚焦和向心力的集合原点,屏壁上的装饰形式异彩纷呈,纷披夺目。常见的有居中悬挂中堂的卷轴画,上部匾额,两侧对称楹联,或以四、六屏联木版年画一字展开,抑或篆隶正草书法四屏联布置等。也有直接镌刻诗文于板壁上作为装饰,更增意趣,或琢绘山水于屏壁上,清超高雅,造化无穷,增润无限的大自然的风韵和意蕴。

此外,从空间序列上看,从影壁、庭院至厅堂,从户外到室内,堂屋明间的屏壁应被视为这一过程中的高潮。如果说影壁是"起",大门院门是"转",庭院是"承"的话,无疑厅堂屏壁当归"合",是一个独立完整空间序列的收头部分,其阻挡视线以及对人群动线的控制、定位,又递进一层,强调了空间景观的变化,彰显了空间的层次性和时间性。

八、栏杆

栏杆是传统民居建筑的主要构件之一,其在建筑的视觉中心,又常被使用,因此在装饰上广受重视,构造和形式都发展至较高的水平。从构成看,栏杆通常可以分为扶手、下部栏板及两旁望柱,而望柱又可分为柱身和柱头。明清时期的栏杆既有安装于走廊两柱之间的,如底层榜廊外端、二楼橱廊外端等各式半廊、全廊、回廊等处,也有设置于地坪窗和合窗之下的,以成栏杆式木槛墙。

　　从材质看，栏杆有木质、石料、铸铁、琉璃瓦料、砖刻等类别，其中木质栏杆样式丰富、使用广泛，石质栏杆在宫殿建筑中最为普遍，铸铁栏杆在清代及民国时期比较盛行。从样式看，栏杆栏板部分常见的有冰裂纹式、拐子纹式、井口字式、套方式、凹字纹式、锦葵式、条环式、笔管式、镜光式、回纹式、乱纹式等，其中最讲究的当推各类花式，以植物、祥瑞等纹样为主，造型匀称细密，流畅对称。此外，从使用场景看，栏杆大多集中于寺庙道观和祠堂建筑中，形式与雕琢风格各有特色，如广州陈氏祠堂石栏杆的扶手、栏板均用高浮雕手法，人物、花草凹凸分明。

第五章 中国传统民居建筑装饰的题材与表现手法

第一节 中国传统民居建筑装饰的题材

一、装饰题材

中国传统民居建筑装饰艺术中的装饰图案多见人物、文字、动植物、器物、几何纹样类题材，其在整体上集中体现了民间艺术的审美特征，作为独特的装饰美学艺术具有很高的美学价值。同时，这些装饰图案题材的选用表达出广大人民对于美好生活的殷切期盼和向往，是传统民俗文化良好的物质载体，也是地方民俗文化与中华传统文化精神的优秀体现。不仅如此，就历史发展而言，历代传统民居建筑装饰艺术的装饰图案更迭与变化反映出我国民间手工艺在技法、工具上的不断进步，以及一个民族在不同时代所具有的不同道德意识、文化素养和民族风格等。

（一）人物故事类

人物为主的题材中有着重刻画神情动作、突出表现衣着外貌的单一人物类型，多采用象征的吉祥人物，如福禄寿三星、钟馗、门神财神、八仙等。其中，八仙所指即道教传说中广为流传的八位神仙，虽然历代说法不尽相同，但主要以张果老、铁拐李、汉钟离、韩湘子、吕洞宾、何仙姑、蓝采和、曹国舅八位神仙形象为主。

此外，人物为主的题材中也常见以多人为组合的场景，其中有人民喜闻乐见的古代名著和民间传说故事，如三英战吕布、麻姑献寿、木兰从军、智取生辰纲、卧冰求鲤、蟠桃盛会等；有历史上脍炙人口的真人实事和文化典故，如战国廉颇负荆请罪、东晋王羲之好鹅、汉朝苏武牧羊、唐代郭子仪庆寿等；还有直接来源于百姓生活的风俗习惯，如农耕四业的渔樵耕读和节庆娱乐的耍灯舞龙、游艺表演等。

（二）动物类

传统建筑装饰常用的动物纹样包括真实存在的飞禽，例如喜鹊、鸳鸯、大雁、鹤等，以及走兽，如狮、象、鹿、羊等。还有来源于人民想象创造的神话动物，如龙、凤、麒麟、朱雀、玄武等。这些动物形象经由广大劳动人民在长期生产实践中认知、艺术化加工，所含寓意积极且丰富，能承载人民对未来生活的美好希冀和向往。

这些动物纹样有的是人们信奉的图腾，如"龙"作为中华民族的象征和图腾，是中华民族创造的神权最高的一种神话动物，它作为众兽之君，象征着权贵、尊荣、智慧和力量。传统民居建筑装饰中广泛使用"龙"作为装饰题材，且造型各有特色，就装饰具体寓意而言，"龙"作为装饰题材在民间有更具体且贴近生活的象征，例如，"龙凤配"图案，象征夫妻幸福美满；"双龙戏珠"，通过二条龙共逐一玉珠的架势，象征人们对美好生活的追求。"凤"与"龙"的神性互补，且凤更具有中华民族发源和文化起始的象征，因此它与众兽之君相对而被喻为百鸟之王。就装饰寓意而言，一只凤凰象征太平盛世、国泰民安，一对一对凤鸟迎着朝阳比翼而飞称作"双凤朝阳图"，象征向往光明、积极进取。牡丹也是凤凰图案中常见的配景，其二者在寓意上都有雍容华贵、万物繁荣之意，搭配使用象征夫妻恩爱，常用于祝福夫妻之间和睦相处。

采用真实存在的动物形象，并赋予一定的装饰寓意象征，这个过程并不是凭空而产生的，大多是因为动物本身特有的生理特征，或在出众的自然属性之上进行延伸和加工，从而成为表达吉祥寓意的象征物，如龟寿命长且生命力顽强，仙鹤能够不停歇地翱翔千里，二者象征吉祥长寿；鸳鸯总是一雌一雄，出双入对地游水嬉戏，因此象征爱情忠贞、夫妻和睦等。

（三）植物类

植物题材相关的装饰图案主要分为具象的花卉、树木、草类植物和抽象的卷草纹样等。古人尤其喜爱将那些食之养身、观之悦目的植物绘制成组合的图案，并大量装饰于传统民居建筑中。如生长于寒冬，能傲骨迎风、挺霜而立，被称作"岁寒三友"的松、竹、梅，或"岁寒二雅"的梅、竹；能以独特自然特性展现清雅淡泊的品质而被称作"四君子"的梅、兰、竹、菊；谐音多福、形态多子、寓意多寿而被称作"三多"的佛手、石榴、桃子；因出淤泥而不染，濯清涟而不妖而用以象征高洁的莲花；以外观形态圆润饱满，色泽喜庆耀眼而代表吉祥的海棠、金桔等。

与植物题材相关的装饰图案中有独立成图的，有与其他植物或动物相互协调、搭配的，还有在图案周围起点缀和丰富画面作用的。例如，牡丹素有"国色天香""花中之王"的美称，其独立作为装饰图案的主角，象征富贵、繁荣、幸福等。其与海棠组合，取海棠之音、牡丹之意并作"满堂富贵"，象征家族繁荣、富贵吉祥；与春水仙、夏荷、秋菊、冬梅等组合代表"四季富贵"，象征一年不同时节都吉祥如意、万事亨通；作为背景衬于凤凰之后，象征富丽端庄、繁荣昌盛。

（四）器物组合类

器物题材的图案是各种器物经过巧妙的延伸取义或相互组合构成的风雅图画，也常在装饰中使用。其中有简单作纯装饰、鉴赏性的博古器皿，如八卦炉、花瓶、果盘、如意和琴棋书画、文房四宝等。还有具深层次的象征意义，能表达人民美好愿望的，如"瓶"取谐音"平"之意，表平安、太平，在四支花瓶中分别插置菊花、牡丹、荷花、梅花，以不同时节的花卉代表四季，整体图案寓意"四季平安"；取"书案"之"安"的谐音，将花瓶置于书案上，寓意"平平安安"；瓶中插如意的图案为"平安如意"；瓶中插三支戟，旁边配上芦笙，以谐音"瓶笙三戟"，"瓶"与"平"、"笙"与"升"、"戟"与"级"同音，以此寓意为"平升三级"。

此外，与八仙人物图案相对应的"暗八仙"，也是器物题材中常见的图案系列。暗八仙指道教传说中的八仙手持的器物，分别有铁拐李的葫芦、钟汉离的扇、吕洞宾的剑、曹国舅的云阳板、韩湘子的箫、蓝采和的花篮、何仙姑的笊篱、张果老的鱼鼓。

（五）锦纹类

锦纹类的装饰图案大多构图简洁大方，排列布局整齐划一，观感清晰明确。常见锦纹类装饰纹样有由几何、文字等演化的几何纹、拐子纹、回纹锦、万字锦、步步锦、丁字锦，和来源于自然的卷草纹、冰裂纹、水纹、雷纹、云纹以及龙纹、鱼纹等。

这些锦纹图案有作为主要内容单独使用的，但更多的是围绕于边框拐角处，作为次要内容陪衬使用。如将几何纹、云纹装饰于福禄寿喜等文字的四周或以回纹衬底，上面再雕各种花卉、花鸟，还有蝙蝠与锦纹组成的花边饰带，装饰效果丰富多彩，美不胜收。

（六）文字类

文字作为传统民居建筑装饰的内容，注重其本身的意义和形状。在中国人的传统观念中，福禄寿喜、忠孝节义、招财进宝、吉祥如意等都是具有美好寓意的文字，因此在传统建筑装饰中运用最为广泛，这也使这类文字作为符号在造型上开始向着更美观、实用变化，如"囍"字是既具视觉美感又带有美好含义的文字变体。

文字类装饰图案的形式可大致分为两种，一种以文字含义直观、明确地传递所要表达的内容，如以匾额、对联、书画为载体的书法作品等，装饰于室内凸显屋主人的文化品位。另一种以文字变体、谐音或与其他纹样组合而成图案，如"钱"与"前"谐音，喜字和古钱配合表示"喜在眼前"；"蝠"与"福"谐音，蝙蝠和古钱配合表达"福在眼前"；万字和蝙蝠配合寓意"万福"；五只蝙蝠围着中间的寿字表示"五福捧寿"等。

二、传统民居建筑装饰的表现手法

传统民居建筑装饰的表现方法可分为直观、隐喻、谐音和组配4种。

（一）直观

直观的表现方式通常是指可直接表露出主题、简单易读的装饰图案。如百子图砖雕，是以"百子"的人物形象为主要图案。因图中孩童的人物形象数量众多，所以在雕刻时采用多层次的深浮雕的精细雕刻技法，细致地描绘了众多孩童以不同样貌、姿态嬉戏于亭台楼阁之间的热闹场面。自古以来中华民族热爱及欢迎新生命的降生，追求家族人丁兴旺，更有《诗经》歌颂周文王生百子的事迹，都是在祈愿生生不息，而百子图也是中国传统多子多福的深厚思想观念最直接的体现方式之一。类似以直观方式表现装饰图案的实例还有福禄寿三仙、百寿图等

（二）隐喻

隐喻的表现方式通常是指借用动物、植物、器物等的造型及其延伸的吉祥寓意作为装饰，表达效果更隐秘、委婉。具有典型隐喻寓意的有龟（长寿）、鹤（长寿）、桃（神仙所食，长寿）、松（长寿）、鸳鸯（相爱、偕老）、牡丹（富贵）、佛手（握财富之手）、石榴（多子）、葡萄（多子）、灵芝（吉祥）、云朵（祥瑞）、铜钱元宝（财富）、荷花（高洁）、竹（君子）、萱草（忘忧）、蝉纹（居高饮清，高洁）、梅花

（冰清玉洁）、回纹（不断延续）、水纹（不断）、龟背（长寿）等。

（三）谐音

谐音的表现方式通常是指借用动植物、器物名称中具有美好寓意的同音汉字替代本字，而产生辞趣的修辞格，以表吉祥。如彩绘镂雕狮子木雕撑拱，在建筑中左右对称为一组。其中，圆雕狮子倒挂于廊檐下，前爪滚弄绣球，造型生动灵活，右侧母狮绣球上立一幼狮，与母狮相对，左侧狮子昂首，情态肃穆。"狮"与"事"同音，一对狮子则谐音表达"事事平安"的愿景。

其他具有典型谐音寓意的还有羊（祥）、喜鹊（喜）、鲤（利）、蝠（福）、葫芦（福禄）、鹿（禄）、戟（吉）、金鱼（金、玉）、芙蓉（富）、水仙（仙）、桂花（贵）、屏或瓶（平安）、案（安）、磬（庆）、竹（祝福）、白菜（发财）等。

（四）组配

组配的表现方式通常是指将上述几种表现手法配合应用在同一装饰主题中，这类装饰图案往往音、意、形并重，组合搭配而成的装饰图案具有良好的视觉美感与寓意，作为建筑装饰，效果层次丰富。如芝仙祝寿木雕，古以芝为仙草，故称芝仙、灵芝或灵草。服之能使人驻颜不老、起死回生，祝寿意同拱寿，鹤、春花、桃、寿石皆寓长寿之意，称"芝仙祝寿"。如竹报平安木雕，竹子是四君子、岁寒三友之一，象征一个人有气节、有骨气、刚直不阿。竹与"祝"谐音，因此竹便带有祝福美好、阖家幸福之意，称"竹报平安"。

其他具有典型组配寓意的还有："三多"，以佛手、石榴、桃采用谐音，隐喻表达多福、多子、多寿；"五福祥集"以五只蝙蝠围绕祥字采用直观、谐音表达福气和吉祥的到来；"五福捧寿"，以五只蝙蝠围绕寿字采用直观、谐音表达祝福长寿。以及福寿绵长（蝠、桃、飘带）、松鹤遐龄（松、鹤、灵芝）、金玉富贵（金鱼、牡丹）、百事如意（百合、柿子、如意）、万事如意（万字、柿子、如意）、富贵白头（牡丹、白头翁）、太平有象（大象、宝瓶）、四季平安（花瓶、四枝月季花）、安居乐业（鹌鹑、菊花、枫叶）、富贵满堂（牡丹、海棠）、喜上眉梢（喜鹊、梅花）、连中三元（桂圆、荔枝、核桃）、福寿眼前（蝠、寿桃、方眼铜钱）、岁寒三友（松、竹、梅）、荣贵万年（芙蓉、桂花、万年青）、平安如意（宝瓶上加如意头）等。

第二节 传统民居建筑装饰的艺术分析

一、浙西传统民居建筑装饰艺术

浙西地处钱塘江上游,并与皖南、赣北地区接壤。属亚热带季风气候,地势南北略高,中部则是浙江省内最大的金衢盆地。该地区山地多,平原少,并与山水相间,其山、水、田的比例可用"七山一水二分田"来形容。山、水的走向决定农田的分布格局,房屋的选址则跟山、水同势,因此,浙西人民把房屋建在山脚或山腰以保留更多的耕种土地,普遍呈现"依山而居、傍山而聚"的分布格局,并逐步形成以种植为主的农业生产方式。建筑装饰是建筑本体艺术的发展与深化,是建筑艺术的具体表达形式,同样也受到地域环境的影响。浙西保存有大量传统民居建筑,且建筑整体布局、形制、风格及其相关的生活方式、农事活动具有一定的典型性和类型化特征。

古时浙西与安徽、江西、福建有五条主要通道,分别是富春江——梅岭关——千里岗——新安江通道、信江——衢江——钱塘江——京杭大运河通道、江右通道、"挑松阳担"通道、仙霞古道,其水路和陆路的便捷使浙西与周边各地的经济相互影响。明朝中叶,龙游商帮成为我国明清时期的十大商帮之一,龙游商帮虽地盘小但影响极大,有"遍地龙游"之称。商人积累的大量资本除少量流入生产领域,大部分则用于购置土地、建房垒屋,用一种特殊的手段来光宗耀祖,因此,明代浙西传统民居建筑的发展与龙游商帮的崛起是同步的。然而随着商业经济的繁荣和商人社会地位的提高,商人对建筑的审美取向也随之发生了一定的变化,建筑除满足居住功能外,还要满足人们的精神需求,所追求意识形态需要依靠建筑上的装饰得以实现,例如,民居建筑的门楼采用"商"字图案,不论何种职业,过门必从"商"字下经过,寓意从商为上、从商为贵。到清末时期,浙西传统民居建筑内外装饰全部精雕细琢、雕梁画栋。

(一)浙西传统民居的三雕装饰

浙西传统民居中将建筑装饰作为教育的载体,通过木雕、砖雕、石雕上的装饰题材与寓意来教育后代、规范自己的行为，从而塑造高尚的人格，建构和谐的家风与社会关系，其人文思想与道德伦理观念丰富了传统民居建筑装饰的内涵。

1. 木雕装饰

浙西地区形成以"木"为材，以"木构架"为主的建筑模式，其木雕的产生就是依托"木"的造物活动，塑造了大地文化和土木情节。不同的雕刻内容、手法与特定的时代背景有着直接的关系，明代木雕较粗犷，明末清初注重雕刻的场景与细节，清代木雕装饰精雕细琢。

龙游三门源村、兰溪诸葛八卦村、建德新叶村的木雕装饰，其木雕工艺技法主要运用混雕、剔地雕（细分为半混式、浮雕式、剔地漏雕）、线雕、漏雕。木雕装饰载体主要分为三个部分，一是木构架中梁架、檩条、斗拱、垂花柱等主要构件；二是牛腿、梁托、雀替等块状构件；三是构成空间的天花、门、窗等面状构件。以天井、牛腿为例，天井是室内与室外交流的重要空间，也是雕刻的重点部位，通过天井可以与自然山水产生互动，水意味财气，由天而降的雨水，意味着上苍赐予的钱财，天井的特殊构造使屋前脊的雨水顺势纳入天井之中，故曰："四水归名堂，财源不外流。"因此，天井一圈的木构件则成为装饰的重点。牛腿是支撑檐口及楼箱而设计的一种承重构件，牛腿的造型多样化及装饰性强，清中期出现人物、动物、山水风景及混合式的雕刻内容。

2. 砖雕装饰

砖雕俗称"硬花活"，是一种古老的建筑装饰艺术，主要用于民居，是在水磨青砖上用工具雕刻出各种人物、植物、鸟兽虫鱼、神仙故事等组成的表示吉祥如意的浮雕图案。一件砖雕作品需经过六道工序得以完成：放样开料、选料、磨面、打坯、出细和补损修缮。

浙西传统民居建筑装饰中的砖雕主要应用在门罩（门楼）、影壁、八字墙、马头墙、墀头等处。门罩是建筑墙面上的装饰，在等级森严的农耕社会，民居建筑受到多方面的限制，在装饰上不许滥用颜色，因而入口大门选用色彩淳朴的砖雕为以装饰，借以显示建筑的重要地位和主人的权力、财力，同时也是寄托祝福、寓教于美的重要媒介。门罩进一步发展，就是用砖砌出的门脸，相当于一座完整的砖造牌楼粘贴在门的四周墙上，因此把形似牌楼的门罩称为门楼。门楼砖雕内容极其丰富，例如，龙游三门源门楼上雕刻有龙、鱼、鹤、琴、棋、书、画和植物花卉、万字纹等图案，并运用象征、隐喻等手法表达其审美观念和美好寓意。

历史上有许多戏剧家都曾在浙西驻足进行创作，为戏曲艺术发展创造了良好的条件，其中距今已有四百多年历史的"婺剧"深受浙西地区人民的喜爱，也俗称"金华戏"，清中期将戏曲砖雕分为吉祥戏、三国戏、神魔戏、其他杂戏四类。因此，以地域戏曲文化为内容的戏曲砖雕是浙西门楼砖雕的一大特色，例如，门源叶氏传统民居建于清道光年间，原有五座，其中两座被太平军烧毁，现存"芝兰入座""荆花永茂""环堵生春"三座及附属用房、院门、照壁等建筑。三座建筑上的门楼为仿木砖雕牌楼式结构，斗拱、雀替、垂柱、枕头雕刻气势雄伟，其门额下共有23幅戏曲砖雕，人物形象逼真，雕刻生动且技艺高超。

3. 石雕装饰

石雕在浙西传统民居建筑装饰中远不及木雕、砖雕运用广泛，其石雕多用于柱础、漏窗、抱鼓石等处，长期的农耕生活使浙西人民把对自然田园风光的向往融入石雕设计中，以表达人们的美好愿景。漏窗主要应用在建筑外墙上以解决通风问题，同时起到美化装饰的作用，通过漏窗把室外自然景色引入室内，使有限的空间传达无限的空间意境。漏窗的图案以植物、动物、山水主题为多，形态多以方、圆、扁、叶形为主。

（二）浙西传统民居建筑装饰题材

在建筑中雕耕种、山水、神话、故事等农耕装饰题材，采用谐音、隐喻、比拟、联想等手法，将体现农耕文化的图景融入代代相传的思想、道德、伦理观念教育中。

1. 动物、植物主题

古人把大自然中的一切现象都看作是有神灵的事物（例如日月星辰、山川河流、风雨雷电、花鸟鱼虫），因此在农业生产、生活中逐渐形成了对神的信仰，在"万物有灵"的观念下，动物、植物成为图腾而被人们崇拜，通过有形的动物、植物来传递无形的意境与思想，是农耕文化内涵思想中顺应天意、自然和谐的具体体现。

在动物图景中，多采用龙、凤、狮子、象、麒麟、仙鹤、鹿、羊、喜鹊、蝙蝠、鱼等元素。龙是中华民族、神圣、吉祥的象征，民间艺匠为不触犯朝廷的"用龙"规定，因而创造多种似龙非龙的形象应用在天花、梁、牛腿、窗花、雀替等部位。凤被称为"百鸟之王"，在龙凤文化中象征女性，例如三门源"竹苞松茂"中骑门梁下的雀替局部装饰图景、"兰芝入座"第一进室内天花图景，其雕刻内容都以龙、凤为装饰元素，体现"龙凤呈祥"的吉祥寓意。蝙蝠因其谐音"福"而在建筑装饰中被广泛应用，其寓意有"福在眼前、五福和合、福禄双全"之意。鱼是多子、富裕的象征，如三门源"荆花永茂"中的牛腿局部应用了双鱼图景。"荆花永茂"骑门梁图景为鲤鱼跳龙门，具有象征着主人一步登天、财源滚滚、步入仕途、高官厚禄之意。再如建德新叶村是没有发展过商品经济的纯农业村，其建筑装饰具有淳朴、朴素特点，在山墙墀头的砖雕中刻有"公鸡"和"鲤鱼"的图案，谐音"吉"和"余"，寓意"吉庆有余"。

农耕时代植物是生命的主要形态之一，是人类不可或缺的资源，因此，建筑装饰中应用植物图景以寄托古人的美好愿望。植物形象则采用梧桐、松树、石榴、莲花、水仙、灵芝、梅花、兰花、竹子等元素作为装饰题材。石榴象征多子多孙，将石榴的一角切开露出果实，寓意为"榴开百子"，如"荆花永茂"骑门梁下雀替局部。

2. 人物、器物主题

人物图景在浙西传统民居建筑装饰中主要包括农耕生活、民间传说、名人逸事、戏剧唱本等，具体表现有童子牧牛、农夫耕田、砍柴樵夫、推车货郎、船夫渡河等日常农耕生活，如三门源叶氏古建筑群中"芝兰入座"门楼有九幅戏曲砖雕，每幅砖雕长56cm、宽26cm，其中《打花鼓》砖雕体现的是传统双人花鼓题材的吉祥画面，衬托出农耕文化中喜庆欢乐的气氛。"荆花永茂"门楼中《耕历山》砖雕和"环堵生春"门楣字牌左右两侧的人物砖雕充分洋溢着农耕文化的厚重与朴茂之美，其线条柔美、人物逼真、生动传神，被称为戏曲砖雕的"活化石"。三门源"黄家民国楼屋"和"竹苞松茂"的第一进牛腿中雕刻的是砍柴樵夫嬉笑耕田的快乐场面。文化人物主要有福禄寿、八仙、门神、合和二圣、钟馗，"福禄寿三星"在建筑装饰中作为神仙老人而寓意多福、长寿、禄位高升。"和合二圣"指和合之神、欢喜之神，一个手捧荷花、另一个手捧圆盒，"荷"通"和"，"盒"通"合"，寓意和谐、和好之意，常用于木雕装饰中。

器物被寓意为有灵性之物，能够驱邪纳吉、保佑平安，常用的器物包括博古架、如意、鼎、瓶、铜钱、盆景、琴、棋、书、画，还有八吉祥、八宝等图景。其中博古原意为博通古事，后泛指古器物，存放各种古器物的架称为博古架，例如三门源"兰芝入座"博古架主题牛腿，博古架中放有如意、花瓶、书、画等器物，寓意为平安如意，同时也蕴含主人所追求的高度文明生活。器物"瓶"与"平"谐音，"瓶"中有四季花寓意为"四季平安"，"瓶"中有麦穗，寓意为"岁岁平安"。另外，在浙西传统民居建筑装饰中还有一些表现用具与茶具的图景，其寓意人们在农耕生活中丰衣足食，表达人们追求美好的田园生活与高尚的文化品位。

3. 自然风光、几何纹样主题

老子、庄子奠定了自然的山水观，孔子进一步提出"智者乐水，仁者乐山"的观念，把山水比作一种精神，通过对山水的真切体验去反思"仁、智"的品格，注重内心的道德修养与恪守仁爱的美德。建筑装饰中自然风光图景体现农耕文化中自然和谐的思想内涵，例如，三门源"兰芝入座"第一进的牛腿为自然风光主题的雕刻图景，其构图自由，没有严格的中心线分布，土地、山川等自然环境陶冶出浙西人民对农耕生活、自由的渴慕，体现了"耕"者朴实、寄情于山水的自然情怀。

几何纹样吉祥图符是采用直线、曲线组合而成的具有吉祥寓意象征的一种图形符号，在浙西传统民居建筑装饰中应用最广泛的地方是在格扇门窗和门楼砖雕上。最常见的几何纹有回纹、拐子纹、万字纹、步步锦纹、灯笼罩纹等，用二方连续、四方连续的方式进行组合。例如三门源"兰芝入座"照壁中应用的"引"字吉祥图符，万字之间靠回纹连接成片用作装饰的底纹，寓意万字不到头，象征吉祥万福、富贵不断、福寿安康、子孙绵延之意。

二、绍兴璜山镇溪北村传统民居建筑及装饰艺术

绍兴璜山镇溪北村位于绍兴西南，属越国故地，始于清康熙年间，迄今已有三百余年的历史，是国家级传统村落和省级历史文化村落。溪北村前有萃溪从东山下流经，后有龙泉溪流经溪口接纳梅溪之水，龙泉溪沿吴峰山麓下流汇于萃溪江，经过乌石头流向璜山。今溪北地址，原为古龙泉溪河床，因其位于梅溪之北，故名溪北。因此，溪北村的建筑布局呈现出临山、依水而建的特点，其建筑群落生长于自然环境之中，充分利用自然的适应性，强调建筑与自然的和谐统一、共生关系。绍兴又是古越文化的发祥地，其核心思想中的"中庸之道、等级礼制、自我约束"体现在古人群体之间的联系方式、社会制度、生产生活方式、思想理念及文学艺术等方面，具体表现在溪北村的自然环境和建筑风貌中。溪北村的堂名文化内涵丰富，为传统民居建筑装饰艺术增添色彩，现存较为完好的传统民居有新一堂、务本堂、继述堂、百忍堂、燕翼堂、思诚堂、咸一堂、精一堂、行五堂等，古越文化在溪北村建筑中得到充分体现。

（一）溪北村传统民居建筑及装饰特色

溪北村传统民居的堂建筑格局十分考究，整体对称分布，轴线明确，各个堂都以数十间大小房屋连成一体，排列有序。建筑装饰中的雕刻艺术精美绝伦，装饰题材充分体现古越文化的习俗、礼制、形态等思想内容。

溪北村的新一堂、继述堂被评为省级文物，务本堂被评为市级文物，以这三座

堂最具代表。堂的四周被高墙围绕，堂内居住的都为自家兄弟，其内部构成各自独立的空间，空间布局长幼有序，反映出典型的家族聚居特点，充分体现古越文化中的自然和谐、等级礼制等思想。

1. 新一堂

新一堂坐西朝东，建筑整体气势宏大且十分封闭，总占地面积为 4602.76 平方米，呈长方形布局形式，中轴线上依次为门厅、大厅、座楼三进，各进之间的天井两侧建有厢楼，并与前后建筑连接，布局严谨，体现古越文化中"自然和谐"的审美理想。新一堂立面造型由五组"五山屏风式"封火墙一字排列构成。

中心石库门楼，高 5.55 米，其冬瓜梁承托的门额中采用篆书写有"安汝止"字样。上植中雕刻有双狮嬉绣球的吉祥图案，寓意祛灾祈福。上植构件中应用植物、动物图案，其线条流畅、形象逼真，雕刻手法以浅浮雕为主。门楼的脊吻采用龙头鱼尾吻，古代将其视为一种"避邪物"，可以守护家族的平安，使人丁兴旺、丰衣足食。同时，采用龙纹式样以显示主人的职权和地位。第一进门厅结构为梁架穿斗式，门厅厢楼地面贯通，天井四周设排水沟。第二进大厅正面"新一堂"匾悬挂其上，白底黑字十分醒目，保存完好。第三进座楼，由五间二弄组成，座楼明间不设楼板，纵深方向设有神龛，供奉祖宗牌位。左右厢楼梁架均采用穿斗式结构，每幢厢楼中心区域设有门窗。

2. 继述堂

继述堂主体建筑坐西朝东，两侧厢楼为坐东朝西，平面布局略呈方形，占地 2511.17 平方米，前后共有门厅、大厅、座楼三进，第一进于 20 世纪 50 年代因遭火焚烧毁，其余建筑体保存完整。总体布局规整，整体外观墙面封闭，厢楼左右对称，内部开敞，各建筑间通过廊步形成四面互通的回廊，以避免日常行走被日晒雨淋。大厅与座楼分别设有九间房，其结构采用明间五架抬梁，八檩五柱。大厅梁架采用月梁和直梁，用材硕大，雕刻技艺精湛，题材内容丰富，美不胜收。座楼为梁架穿斗式结构，明间不设楼层，作"香火堂"之用，进深方向设神龛，供奉祖先牌位。木雕装饰载体主要是梁架、模条、斗拱、瓜柱、牛腿、梁托、垂花柱、雀替、天花、门、窗等构件。

3. 务本堂

务本堂坐北朝南，是溪北村独有的一座建筑朝向，左邻新一堂，前面是咸一堂。因其朝向的特殊性，古人在建造务本堂时，在门前围建长方形的墙体，将务本堂进行围合，并在围墙的东边又建一座门楼，恰似亭台楼阁，使务本堂在溪北村的传统民居中具有独特的建筑风格，惋惜的是这独具特色的围墙在后来已被拆除，只剩下三间门楼。务本堂中轴依次为门厅、大厅、座楼三进，各进之间设有天井，天井两侧设回侧廊，形成两个回廊。各单体建筑尽头均设有马头墙，相互之间采用廊步、过道连接贯通，又可以用隔扇进行间隔。

（二）溪北村传统民居建筑装饰题材

溪北村传统民居建筑以白、黑为主色，其雕饰采用青砖、石材、木制原色为主，这种朴实的色彩彰显出古越文化中的庄重、沉稳、中庸和谐的人文精神。溪北村传统民居的建筑装饰精美绝伦，装饰题材丰富，并采用象征、比拟的手法，将古越文化所体现的习俗、礼制、形态等思想附着于建筑装饰中。

1. 人物主题

溪北村传统民居在建筑装饰中所应用的人物类型题材丰富，包括历史人物、神话故事人物、民间传说人物、戏曲人物等。人物雕刻惟妙惟肖、入木三分，每一位人物的神态和动态雕刻细致，线条流畅。如继述堂牛腿上有"合和二圣"人物雕刻，其人物形象蓬头、笑面、赤脚，一手捧有盖圆盒，一手握有盛开荷花，象征和睦同心、和（荷）合（盒）美好、调和、顺利等寓意。在溪北村传统民居建筑装饰中常以福、禄、寿三星作为多福、长寿、禄位高升的幸福象征。人物雕刻还有对渔、樵、耕、读画面的体现，即渔夫，樵夫，农夫与书生，是农耕社会中四个重要的职业，代表古越劳动人民的基本生活方式。

2. 植物主题，

植物因具有美好的象征寓意而成为古人心中的吉祥之物，植物题材的装饰元素在溪北村建筑装饰中应用广泛，这些装饰寓意体现出古越文化中和谐自然、中庸之道、自我约束等思想。"松、竹、梅"被称作"岁寒三友"，具有不畏寒冷的优秀品质，这种品质与古越王勾践奋发图强，不惧怕失败与屈辱，敢于拼搏的精神一致，因此在新一堂、务本堂、继述堂的门框上都雕刻有松、竹、梅植物题材。石榴、葡萄、葫芦寓意多子多福，石榴一花多果，一房千实（子），表达古人对家族人丁兴旺的美好祝愿。莲花被称为"花中君子"，亭亭玉立，出淤泥而不染，象征纯洁、高雅、清廉。在溪北村传统民居建筑装饰的木雕、石雕中大量应用莲花的装饰元素，"青莲"寓意着"清廉"，用一茎莲花暗喻为官清廉；莲花根、茎、叶相互缠绕，花朵簇拥，寓意世代绵延，家族昌盛。

3. 动物主题

古人受环境及生产水平的限制而对自然界的动物产生一定的信仰与崇拜。有一些动物成为图腾而被人们膜拜，以求得保护，还有一些动物因自身所具有的特点而被人们喻为吉祥之物，赋予美好的象征意义。溪北村传统民居建筑装饰中动物题材主要分为两类，一类是现实存在的飞禽走兽，古越是盛行鸟图腾崇拜的民族，无论河姆渡文化和良渚文化的考古发现，还是古籍文献的记载，都显示了古越族是一个以鸟为图腾的民族。因此，在溪北村传统民居的建筑装饰中有颇多以鸟图案为主的雕饰作品。狮子在雕刻装饰中多用来象征权利和威严，起到镇宅驱邪的作用，如新一堂石库门楼中的双狮嬉绣球的吉祥图案。鹿在建筑装饰文化中是长寿仙兽的代表，鹿与"禄"同音，在雕刻中多与蝙蝠相结合，有着"福禄双全"的美好愿望。鱼与"余"同音，运用其装饰元素寓意生活美好，生活富足有余。鸳鸯寓意家庭和谐，夫妻生活融洽。另一类是人们创造出来的神话动物，如龙象征吉祥、权威，凤凰被赋予爱情、权贵的象征意义。麒麟是传说中的瑞兽，雄性为麒，雌性为麟，象征祥瑞、美好之意，在木雕中常有麒麟送子的画面，寓意求拜麒麟可带来子嗣。

传统民居是地方历史文脉与地域文化传承的重要媒介，在绍兴的三百余座传统民居中溪北村只是一个代表，还有诸多如崇仁古镇、冢斜古村、斯宅村、华堂古村、山居古村落、镇武村、周家台门、吕府等传统民居，它们都记录了古越文化的世代沿袭、家族的兴衰、岁月的变迁、历史的沧桑和沉淀。传统民居上的雕刻题材中蕴含着图腾崇拜、祖先崇拜、动物植物崇拜等信仰和特征，反映出人文精神、文化底蕴、地理环境等方面内容，形成特有的装饰艺术体系。

第六章　中国传统民居装饰图形及其传播

第一节　中国传统民居装饰图形文化信息的内涵特质

一、中国传统民居装饰图形的文化特征

中国传统民居装饰图形是中国传统民居建筑中非功能性的要素，它表现出人们在心理层面上追求美感、装饰建筑、传承文明的特性，是人们生活和思想观念意识所释放的形式。作为一种装饰艺术，它以理想化、秩序化、规律化等审美形式法则为准则，美化建筑及其相关事物以达到人们对于装饰的精神要求；作为一种文化，它是中国传统文化的重要组成部分，是在中国传统文化发展过程中不断创新发展、与时俱进的文化传播的产物，是不同历史时期人们的社会生活、思想情感、内在信仰及审美以建筑的形态物化的表达。显然，在中国传统民居装饰图形理性视觉图形表象下蕴含着丰富的中国传统文化内涵。

（一）中国传统哲学与传统居住观

与中国传统民居建筑相关的大量纹饰、图案、装饰性绘画和雕刻图像等，是不同时期、不同社会、不同地区和不同观念意识及具体需求的产物，它们往往经由时空的迁徙、历史的变革、文化的融合和艺术的扬弃轨迹，以达到公共化或社会化传播的目的。因此，中国传统民居装饰图形艺术传播，离不开中国传统文化的属性和特质，作为物化的中国传统民居建筑装饰图形，必然受到中国传统文化、哲学观念的深刻影响。下面从三个方面进行分析。

1. "师法自然"的营造思想

人们在营造住宅的过程中，依据"师法自然"的建筑理念，十分重视地形地貌、采光透气、山水距离等环境因素。他们认为居住环境的好坏，不但关系到居者自身

的安危、身心的健康，还关系到其子孙后代的兴衰，由此形成了众多的诸如"地之美者，则神灵安，子孙昌盛，若培植其根而树叶茂"的实践经验，并以此来指导营造的实践活动。摒弃那些营造过程中受到主观因素影响较大的殿宇庙堂建筑，唯有中国传统民居建筑，在营造理念上，以天学、地学、人学为依据，根据不同地域环境、生活方式和民俗习惯，"师法自然"地来构造和装饰风格迥异的民用住宅形式。

2. "中庸理性"的平衡发展

"中庸之道"是中国文化的精髓。作为一种方法论，它已经深深渗透到了与中国文化有关的每一个元素和成分之中，中国传统民居营造与装饰也不例外。

"中庸理性"的平衡发展使中国人的民族性格趋于内向平和、宁静含蓄。在传统民居建筑及其装饰上，也遵从这种理性的精神，"择中而居""居中为大"，这样才能达到"中正无邪，礼之质也"（《礼记·乐记第十九》）的目的。在建筑中，"中正无邪"的单体和群体的布局，就容易显示出尊卑地位的差别与和谐的秩序，中轴线的介入，有助于建筑、房屋尊严、礼仪的排列布置，这样就避免了刻意去表现那些神秘、紧张的灵感、感悟和激情的冲动，而是以平衡、理性的发展观提供明确、实用的居住观念和生活情调，宗法礼制的思想据此在建筑和装饰中表现得淋漓尽致。

3. "和谐自然"的终极追求

我国"和谐自然"的思想同样深刻地影响了传统民居和装饰的建构意匠。一方面，人们借助追求自然天然质朴的美感，在建筑形制和装饰上，通过模拟、仿像的手段来达到目的；另一方面，别具匠心，表现为与自然直接融合，与山水环境契合无间，宛若天成，予人以自然质朴、宁静致远的美感。在装饰上，和自然界有关的风雷雨电、日月云霞、虫鱼瑞兽等，都以一种非常自然合理的状态，出现在传统民居建筑之中。

（二）中国传统民居装饰图形审美意蕴中的传统文化

中国传统民居装饰图形是伴随中国传统民居的出现、发展生成的。它作为"可技术复制"的艺术样式，有着人数众多的、成分复杂的"异质群体"的受众，具备大众传播的特征。它作为一种建筑装饰，在满足建筑功能需求的同时，起着人伦教化、文化传承、满足人们精神生活与休闲娱乐需求的作用，并运用可复制的技术进行广泛社会化的传播。

作为传播的客体，装饰图形是一种人工化的视觉文本。一方面，它受中国传统文化的影响，是被赋予了意义的人工视觉符号，它通过人们在艺术生产实践活动中所创造的艺术形象，将包含中国传统文化内容的审美意蕴以象征的手法进行表达，从而使它有别于自然的存在物和一般的人工物品；另一方面，它用表象的视觉符号语言——诸如点、线、面、色彩等，将中国传统文化以视觉语言的表达方法在建筑体上具体化、物态化，从而获得"有意味的形式"。

1. 中国传统民居装饰图形审美意蕴中民俗文化

中国传统民居装饰图形与传统的民俗文化密不可分，作为内涵极为丰富的视觉形式，民俗文化对其语言的建构有着深远的影响。在它独有的文化含义系统中，它以视觉化的语言建立可供交流的公认的法则系统来传递意思。所谓公认的法则系统是在民俗文化背景下，通过中国传统民居装饰图形图式化的语言符号，建立的民族成员可共同感知的视知觉样式为外在表现形态的文化意指系统。在这个意指系统中，中国传统民居装饰图形作为可以进行传播交流的视觉语言符号，成为涵容一定时代和地区文化信息的载体，与其审美接受者的内在感知和认知过程紧密相连，构成其视觉符号系统中对中国传统民居装饰图形表达语义结构的多层次解读。例如，在我国历代民居建筑的装饰中，人们大都喜欢用富有象征意义的图形来装饰居室。题材内容十分广泛，其中，"鸳鸯戏水""龙凤呈祥"等吉祥图案可象征婚姻美满、幸福，而"兽吻"装饰屋脊则能驱灾灭祸，鱼饰暗示年年有余，松鹤则表延年益寿，在门上使用铜钱搭扣可比喻伸手有钱，下槛的蝙蝠形插销，则喻有足踩福地之意，凡此种种。这些装饰图形所比喻之意和朴素的意念，都能很好地反映人们运用符号意识，通过装饰图形符号的诸如谐音的民俗约定和象征等公共语言法则进行编码和解码，来表达了他们追求美好生活的希望和理想。

2. 中国传统民居装饰图形审美意蕴中融合和谐的多元文化

中国传统建筑装饰图形是人们追求视觉愉悦的产物，也是人们艺术意志的体现。在中华传统文化的语境中，它作为一种文化符号，具有明确指代的功能。传统民居建筑中的每一种装饰都包含"所指"的意义，而且这些意义与传统文化发生直接的关联。

中国传统文化是以农耕生产方式为基础的，具有明显的农业性特色。中国历来"以农立国"，有着许许多多农业节日民俗。这些民俗为传统民居建筑装饰提供了大量的题材和可供文化再现的物质形态。民俗是中国传统文化的具象层面的表现形式，在本质上必然脱离不了传统文化以儒学为核心的多元文化交融和谐的文化属性和特质。

作为一个积淀深厚，无所不包的文化系统，中国传统文化具有强大的生命力和开放精神。汉魏以来，历经乱世中多元文化的碰撞与激荡，造成了多种文化并存，同时，它不断吸收外来文化中的优秀成果，使之成为自己文化系统新的因子；至隋唐达到隆盛，多种文化并行不悖，其融合的程度达到新的历史水平；宋代以后，这种融合逐渐走向成熟。中国传统文化多样性的相互融合意味着民居装饰艺术概念的全面开放，为表达"和谐自然"的理念，在建筑的装饰上使用动物题材，可谓"在天成象，在地成形"，"众星列布，在野象物"，并以此进行观念的传达；植物题材也不例外，诸如松柏象征长寿，牡丹象征富贵，兰草象征幽娴，竹子象征傲骨，菊花象征高雅，荷花象征高洁等；同样，抽象锦纹图案和各种书法文字也被用于民居建筑装饰来表达象征意义。正是由于中华传统文化这种开放与包容的特征对建筑的广泛影响，才形成了中国传统建筑装饰图形兼容并蓄、风格多样、意境隽永的文化品格。

二、中国传统民居装饰图形表达的内容体系

（一）天、地、人关系题材内容的理性选择

1. 自然宇宙

宇宙，在中国古代，显示为金、木、水、火、土五种基本元素的构成及其物质存在形式的总和。因而，人们对宇宙的看法也就是对于世界的看法，这种看法往往和中国古代的建筑密不可分。

中国传统建筑装饰图形对于宇宙的象征主要是通过日月星辰、五行、八卦等表现的。《易·说卦》谓："乾，健也。坤，顺也。震，动也。巽，入也。坎，陷也。离，丽也。艮，止也。兑，说也。"八卦以各种动物作为象征："乾为马，坤为牛，震为龙，巽为鸡，坎为豕，离为雉，艮为狗，兑为羊。"因此，为表达对"宇宙"的看法和"天人合一"的理念，通常会选取各种动物题材的内容，诸如马、羊、天禄、辟邪、螭及称之为"五灵"的麒麟、凤凰、龟、龙和白虎等来进行建筑的装饰。作为装饰的象征和意义，这些动物题材的内容构成了人们美好幸福生活向往的精神标志。

除此之外，自然天象纹，如云纹、水纹、波浪纹、火焰纹、喷焰宝珠、山、石、日、月、星等题材内容也广泛应用在传统民居建筑装饰中。

2. 自我价值

中国传统民居装饰图形的符号语言所显现的形式情感与信息意义，是作为社会

的人的主观意识参与的结果，它依赖传统民居建筑的物质媒介和视觉化的形态来进行传播。

在中国传统民居装饰图形的创造形成的过程中，人的自我价值会影响到装饰图形内容的选择、建构、制作及传播。自我价值表现出来是民居建筑建构关系中房屋所有者与营造者的喜欢和价值观相吻合或者趋同。当然，这种装饰图形营造过程十分复杂，起码涉及装饰图形具体内容的决策者（房屋所有者）、制作者及民居建筑空间的相关人群。作为传统民居装饰图形需求消费的主体，"以物言志"的题材内容更容易表达自我价值的诉求。因此，作为价值理想和人生追求的"五子登科""封猴挂印图""鱼跃龙门""联升三级"等题材内容就得到了普遍应用；"富贵不能淫，贫贱不能移，威武不能屈，此之谓大丈夫"（《孟子·滕文公章句下》），修身、齐家、治国、平天下的道德修养和人格价值的要求，引发对"一琴一鹤""一品清莲""雁塔题名""岁寒三友"等题材的追捧。

（二）中国传统民俗生活的题材内容体系

1. 以"家"为中心的题材内容

中国传统民居建筑布局的基础是以"家"为概念单位的，在中国传统文化中，"家"既可以是作为社会细胞的家庭，也可以是构成家庭的成员家人，同时还可以指家人的居所，也就是说，家庭、家人、家居三者关系紧密而又不同。传统民居以家为基础的布局特征鲜明，依据家庭结构进行建造和装饰图形的题材内容选择，研究表明，以"家"为主题的题材内容包含忠孝礼仪、道德伦理及子孙满堂等类型。

当"家"作为装饰图形传播的主题时，势必要关注其题材内容所构成的世界与它们所象征的意义之间的链接，如果没有一个相对确切的象征对应关系，意义的表达就会显得流于形式和空洞。为了使装饰图形能够凸显意义，那么，营造者们会不约而同地在自然的或传统的民俗生活或者文化中去选择或构建。例如，人们为了表达对子孙满堂的迫切愿望，"观音送子""麒麟送子"等题材内容的装饰选择就会成为常态。

因此，正是通过家庭氛围的营造，将道德伦理的价值观转化为美的意识，使整个家庭、个人的信仰和价值观都融入建筑中，从而使居所被赋予家庭的灵魂，构筑出一幅家庭关系明晰的、可视的、空间化的全息家庭生活图景。

2. 民俗观念和民俗生活的题材内容

在人们的日常生活中，民俗的影响无处不在。民俗是人们在生产和生活过程中，依据生活习惯、情感、信仰等形成的约定，由此可见，民俗具有普遍性、变异性和传承性。具有培育社会一致性的强制和规范的力量，并渗透到人们的社会生活、物质生活、精神生活的方方面面。因此，作为中国传统民居建筑装饰图形传播的内容，民间诸如长寿的观念、富康的观念、价值的观念、婚丧嫁娶的习俗等都会成为关注的对象。

从中国传统民居建筑装饰图形传播的内容来看，装饰图形符号与那些民间观念意义的传播实际上是一种交流和交换民俗文化信息的行为。当民俗文化信息达到装饰图形和意义完全统一，也就是说装饰图形与意义的象征链接准确无误的时候，装饰图形就成为民俗文化信息的外在形式或者物质载体，而象征的意义就成为民俗文化信息的精神内容。因而，作为信息的民俗文化就可以通过装饰图形得到表达和传递。

根据民间观念的不同，中国传统民居建筑装饰图形的立意大多集中在以"福、禄、寿、财、喜"等为主的热点上，同时"婚丧嫁娶"等习俗题材内容与之并行不悖。通过"以象寓意，以意构象"的手法，营造出富有意味的图形形式。例如，在传统民居建筑的窗扇或裙板上，经常使用"五福捧寿"的题材内容，所谓"五福"即："一曰寿，二曰富，三曰康宁，四曰攸好德，五曰考终命。"古人认为，"康宁"是"无疾病"，"攸好德"意"善良的本性是好德，故好德必得长寿"，"考终命"则为"无疾病无痛苦的死亡"。人们运用这些题材内容主要还是为了表达对于疾病、死亡等无法掌控的命运的担忧和对健康长寿的美好生活的期望，以此来装饰自己的居所，无论是从生理还是心理上都能看出装饰图形象征意义传播对人们装饰行为的影响。在传统民居装饰上，类似的以"福"为主题的图形还包括"百福图""五福和合""福寿如意"等。作为"寿"的主题，装饰图形有"松龄鹤寿松柏常青""人仙祝寿"等。在长期的有关"寿"的民间信息交流过程中，松树、柏树、仙鹤、龟、万年青、"寿"字具体的物象，在象征意义上成为传统民居装饰图形"寿"的标志。

3. 生存方式决定的题材内容

中国是一个传统的农业社会，在立足于自给自足的农业经济基础上所形成的生存方式，使得人们更加注重对自然的依赖并融入其中。人们的生活无须太多人为设计，经验重于理性的认知，务实多于理想的追求，朴素重于浪漫的情感，遵从多于创造的实践，造就了中国人重视身体感觉与直觉经验的特点。

传统民居建筑作为人们面向现实生活的休养生息之所，人生的许多事情会在那里发生，故而，人们有理由对其地理位置和人文环境做出选择。正可谓："宅，择也，择吉处而营之也"（《释名》）。在装饰上，为了保证现实生活的安宁幸福，实现贫者求富、穷者求达、卑者求贵、危者求安的追求和愿望，民间"趋吉避凶""禳灾祈福"的题材内容得到广泛的应用。之所以这样，是因为这类题材内容的装饰图形显示的意义为民众幸福思想的内在精神标志，其特点表现为趋向未来的美好愿景，具备无可比拟的传播性和普及性。例如，为了禳灾、避凶，鸱尾、垂鱼、悬鱼及惹草等素材常常会用于民居的脊饰，喻"压火"之意，还有像室内的藻井及"井"字形的门窗棂，借井水可以免去火灾而有了防火的象征等。

（三）中国传统民居装饰图形题材内容的象征传播

象征是一种艺术手法。在传统民居装饰图形的艺术传播中，象征是通过装饰图形一些特定的容易引起联想的具体的视觉艺术形象，来表达装饰的意图、思想和感情的。从要素上来看，装饰图形的象征包括象征的符号和象征的意义两个组成部分。

1. 象征的装饰图形符号

象征的符号是由装饰图形众多的视觉艺术形象所组成的集合体，是象征意义的表达形式，象征的意义借助象征符号媒介，储存"意义"，承担装饰图形题材内容、审美文化等信息的传播任务，从而使这些符号具有反映传统社会人们的思想意识观念、心理状况、抽象概念、文化审美的话语表达力。

在传统民居装饰图形中，那些可视知觉的图形符号以象征的方式来传递信息，它们与所指涉的对象及其意义之间没有内在的必然联系，装饰图形所象征的意义是在中国传统社会中，通过约定俗成而形成的，即在一定的社会生活环境中，象征的符号与所指对象之间有关联意义，并在不断的呈现与再现之中发展演变而成。

2. 象征的装饰图形符号意义

象征的意义则表现为装饰图形符号的内涵，即隐藏于象征符号之中的而且被传递出来的意义。在意义结构上，传统民居装饰图形符号至少具有双重意义：其一，即装饰的图形题材内容视觉上符号的本义，也是其理性意义；其二，是装饰图形的寓意或象征意义，即通过装饰图形符号审美的意指链接而发生的装饰图形符号与意义之间的关联。

应当承认，符号的意义源于符号的组成部分，源于符号在其同一系统中与它者的关系。其意义与概念纯粹无区别，不是受正面内容界定，而是受体系的其他措辞的负面关系所界定。也就是说，在二元对立的最为基本的符号结构系统中，符号至少要有一个对立的它者，才有存在价值和意义。同时，作为象征的符号，其意义的产生与它所处的文化背景息息相关，特定的文化背景决定着符号的被制造、被建构，也决定着它的意义生成。中国传统民居装饰图形并不例外。

象征以其复杂的意义结构，成为中国传统美学最具原创性的核心话语形式。例如，在传统民居建筑中的书房或者厅堂，常常会选取"岁寒三友""渔樵耕读""竹林七贤"等内容的图案进行装饰，通过这些图形符号象征意义的表达，实现符号表层意义向第二层意义的转化，潜移默化地对人们进行道德伦理的教化。这种转化是实现基于人们精神生活的深层非推论符号的运作，而不是简单的某种内在的类比和联想。初始的这种运作是经验性的非理性创造，符号的象征意义是在人们长期的生活实践中反复使用，并在传播交流过程中获得社会性约定而成为符号意指固定部分的，凝结着人类智慧和对生活理性感悟的那些内容。由此形成可供"共同生活"进行的交流的语言法则。因而，当看到"梅、兰、竹、菊"这样题材的中国传统民居装饰图形时，人们不会把它的符号意义同植物花卉联系，而是与读书人的崇高气节相联系——因为"梅、兰、竹、菊"在中国传统文化中的象征意义与人们的精神追求已经形成了固定的链接。

因此，中国传统民居装饰图形在它的发展历程中，形成了自身完善的图形表意的系统。通过其题材内容的选择，这种系统越来越完善、越来越强而有力，由此人们通过装饰图形符号就能获得既定的意义和认识。在这里，装饰图形具有了概念性的含义，这是一种约定俗成的含义，由内容到形式，由题材到形象，传统民居装饰图形的处理方式是在各种题材所依附的外部形式的基本架构上进行最大化演绎。那些传统民居建筑的能工巧匠们，运用巧妙的构思对各种装饰的艺术形象做多角度、多形式、多位置的单元聚合或形式组构，以使装饰的图形能够依据建筑的构件有效地通过穿插、挪移、叠合、并列、回旋、呼应等建构环节，以获得独立的存在或同其他建筑部件保持一种合作结构和审美关系，在有限的建筑空间内，完成题材内容、表现主题和艺术形式之间完美的结合，实现对建筑的装饰和意义的表达，并逐渐形成蕴含中国传统文化特有信息的象征传播体系。

三、中国传统民居装饰图形的地域差异性

（一）中国传统民居装饰图形与地域文化

1. 中国传统民居装饰图形地域差异性研究的内在动因

地域，通常指面积相当大的一块地方，如地域辽阔。同时，也特指本乡本土，

如地域观念。地域可以被理解为具有特定时空和具体自然地理范围的地方。它既可以小到一个具体的乡村聚落，也可以大到一座城市乃至一个国家甚至更为广大的区域。在这个地方，自然地理和社会文化都具有相对稳定的地域性特征，并在长期的历史演进和社会变迁中形成独特的地域文化——特定区域内独具特色、源远流长、传承至今仍发挥着作用的文化。

地域文化作为一个最能够体现特定空间范围内独具特点的文化类型，它的形成是特定区域自然地理、生态等自然因素和诸如经济、政治、艺术、民俗等人文因素综合作用的结果，具有独特的地域性。就建筑而言，地域文化不仅造就了建筑地域文化的特色，而且铸就了地域性建筑的灵魂。

对受地域文化影响的中国传统民居建筑及其装饰图形的地域性而言，它的地域性可以被定义在一定的时间和空间范围内，具体表征中国传统民居建筑及其装饰图形与所在地域特定自然条件和社会条件相关联而表现出来的共同特征。

2. 中国传统民居装饰图形的地域文化特征

一般来讲，文化作为人类的创造物，其内涵是一个日益丰富的动态、历史发展过程。因此，地域性、民族性和时代性构成文化的三个最为重要的特征。在历史性意义上，这些特征共构了特定地域范围内民族或者群体逐渐形成和完善起来的文化传统，并深刻影响民族或者群体的共同思维方式以及行为习惯。

①文化具有地域性，同时，还具有超越地域的普遍性。文化的地域性造就了中国传统民居建筑及其装饰图形地域差异和地域特色。

②文化的地域性具有时间和空间的双重维度，充分影响到中国传统民居建筑及其装饰图形保持地域特色的传承和发展。

③文化具有超越个人性的民族性，民族与民族之间不同的特征，直接决定了中国传统民居建筑及其装饰图形的艺术形式和艺术创造。

（二）中国传统民居装饰图形地域差异性分析

1. 中国传统民居装饰图形地域差异性的形成与演变

中国传统民居装饰图形是中华文化的一种重要的承载物。在幅员广袤的中华大地上，由于自然环境的差别、经济发展的方向与水平的差异及地域文化的不同而呈现出丰富多彩、风格迥异的地域性差异。作为规模巨大、体系复杂的文化载体，这种地域性差异既是地域文化浸润的结果，也是它本身所固有的属性。具体体现为在一定的时间和空间范围内，与传统民居建筑共生而成的，并和所在地域自然环境、社会环境相关联的共同特征。

中国传统民居及其装饰图形所蕴含的地域文化，反映了它所在地域范围内的人们在长期的劳动生产和社会生活过程中的有关生产、生活方式、社会风俗、价值观念、社会行为等日常生活的方方面面。一方面，不同的地区，有着不同的地域文化，不同的地域文化对人们的思想、行为、心理及生活方式都会产生不同的、潜移默化的影响；另一方面，随着地域经济、文化联系的加强，各地域文化之间相互融合，从而使地域文化既具有中华文化共同的性质，又保持着各自的特色与差异。正是由于上述种种的不同，中国传统民居装饰图形营造主体才能够结合不同的地域文化，造就出独具特色的地域文化纹饰和图样。

2. 中国传统民居装饰图形地域差异性成因

（1）自然地理环境因素

自然地理环境包括地理区位和诸如土地、河流、湖泊、山脉、矿藏、气候及动植物资源等自然条件。它不仅是人类赖以生存的物质基础和文化产生、发展的自然基础，而且也是影响中国传统民居建筑形态及其装饰的主要因素。

（2）文化冲突与地域文化的因素

我国自然环境十分复杂，这为我国传统文化的发展提供了得天独厚的优越条件，丰富多样的地域文化特征反映了不同地域之间自然环境的特点，并渗透到作为文化载体的传统民居建筑及其装饰上，使人们的建筑活动与民族文化相牵连，互为因果，促进中国传统民居装饰图形地域性特征的形成。

一般来讲，地域文化的形成是文化冲突的结果。文化冲突是指两种或者两种以上不同性质文化之间所产生的矛盾和对抗。在中华大地上，不同的地域自然地理环境、不同的社会结构、不同的民族，不同的阶级与群体，孕育出的地域特色文化也不尽相同，这些不同的文化在传播、接触的过程中，必然会产生文化冲突。文化冲突是文化在发展过程中不可避免的一种现象，其原因是由文化的"先天性"或者文化的本性所决定的，冲突的结果，或是相互影响、相互吸收，或是融合，或者取代对方，由此产生新的文化模式或类型。

（3）地域生产方式等因素

自然环境对中国传统民居装饰图形的艺术生产及其文化传播的影响，要受到生产方式的制约。生产方式是生产力诸生产要素的结合方式，也即人类借以向自然界谋取物质生活资料的方式，是生产力与生产关系的辩证统一。它在生产过程中形成的人与自然界之间、人与人之间的相互关系的体系，会因为地域的不同而有所差别。

地域生产方式对地域范围内的经济、文化和生态系统等具有决定性的影响。因此，地域生产方式的差异决定了区域经济的社会发展水平不同，并直接造成传统民居装饰图形的地域性差别。

第二节　中国传统民居装饰图形的艺术符号系统

一、中国传统民居装饰图形传播的物质形态

（一）装饰图形的色彩物因素解析

色彩作为中国传统民居装饰图形表达的物质媒介，具有特殊的表情功能和象征意味。运用色彩作为装饰美化建筑的手段，原因在于色彩的感觉是一般美感中最大众化的形式。从色彩的媒介性功能来看，除了色彩的表情功能和象征功能外，色彩还具有认知功能。它影响着人们的知觉与情感，当人们客观地知觉色彩时，人们看到的是色彩真实的颜色再现；当人们主观地知觉色彩时，人们借助色彩的诸种传播功能在头脑中混搭，构建符合主体愿望的表达。因此，资讯性、表现性、构图性成为色彩艺术传播的三个主要特点。

1. 作为功能与资讯的传播

传统建筑装饰图形中，色彩的使用是为满足保护木材及其他功能性的作用而存在的，在使用中将桐油和木漆相互结合，目的在于使装饰的部位更加稳固、牢靠。发展到后来，研制出更多的诸如银朱、朱膘、洋绿、樟丹、赭石、土黄、石绿、铜绿、石黄、雄黄、雌黄、铅粉、黑白脂等矿物质和胭脂、藤黄、墨等的植物质颜料，用来配制成绘彩颜料以满足建筑彩画的需要。另外，色彩对于装饰图形而言具有较强的附丽作用，它依赖于装饰图形的造型形式而存在，让传统民居装饰图形熠熠生辉的色彩是魅力的一部分。

2. 作为表现与意涵的传播

在色彩的象征表达上，受中国传统文化的影响，像青、红、白、黑、黄这些经典的色彩，在历史发展中早已形成了它们各自明确的意指：青色是平和永久的象征，赤色是幸福喜悦的象征，白色是悲哀和平静的象征，黑色是破坏和肃穆的

象征，黄色是力度、富裕和王权的象征。季节的运行、方位的变化及色彩的分类，皆与五行密切相关。色彩的分类皆与五行说相印，与五种基本元素相应的青、赤、黄、白、黑五种颜色中，青对应为春天、方位居东，赤对应为夏天、方位居南，白对应为秋天、方位居西，黑对应为冬天、方位居北，黄色则相当于土而位居中央。在这种观念的影响下，传统民居建筑装饰色彩的使用是非常谨慎的。通常"是多用白墙、灰瓦和栗、黑、墨绿等色的梁、柱、装饰，形成秀丽雅淡的格调，与平民所居环境形成了气氛协调、舒适平静的佳境，在色彩处理上取得了很好的艺术效果"。

3. 作为形式与情感的传播

色彩在中国传统民居装饰图形的营造上有着不可忽视的地位。在传统民居装饰图形的设计、建造过程中，色彩按照立意、构图的要求以一定的色彩比例，突出画面的主体色调，通过色彩造型的处理，让装饰图形的色彩统一于构图和造型线的分割区域中，造型元素之间的色彩关系在统一中有变化，有着丰富的色彩对比效果，营造出图形结构清晰严谨的造型感觉，使装饰图形达到和谐，促进画面主题的有效传播。

色彩的情感表现与其他视觉媒介相比则显得更为丰富。作为情感的语言和眼睛的诱饵，通过色彩，人们的心理活动和精神诉求都能够反映出来。事实上，色彩的情感表现是由它与人们的关系决定的。现代心理学和生理学的科学实验表明，色彩不仅能够引起人们对于大小、轻重、前进、后退、冷暖、远近等心理感觉，而且还能唤起人们对色彩情感的联想。同时，色彩的情感表达的复杂性是因人而异的，作为人们能够共识的符号语言，它具有世界性。它所表达的情感有着人类互通的交流背景，表达过程中，个性的体验往往和共性象征意义在色彩的外化形式与人的内在情感表达上达到统一。

（二）装饰图形艺术传播的物态形式解析

1. 彩画

彩画是一种古老的建筑装饰工艺，有着悠久的历史和卓越的艺术成就。一方面，作为一种功能，它使用各种色彩、油漆对传统建筑的梁枋、柱、枋、斗拱、天花等构件进行装饰，以保护木质结构，起到防潮防腐防虫蚁的作用；另一方面，作为视觉语言，其所形成的视觉图式和范型，在意义上，也是对中国传统文化精神的有效传播，而非仅限于视觉表层的美观、装饰。

（1）壁画

壁画的历史源远流长。考古发现，壁画可以追溯到久远年代的岩画和洞穴壁画。根据壁画表现的视觉形式和表现技法，壁画可以分为绘画型和绘画工艺型两大类。

①绘画型。绘画型壁画一般指借助绘画的手段，用手绘的方式直接在建筑墙壁上完成的艺术形式。其所依托的绘画基底包括泥壁、石壁、木板、金属板、编织物及其他材料。通常采用干壁画、湿壁画、蛋彩画、蜡画等。例如干壁画，它是直接在干燥的墙壁上进行绘画的。在制作程序上，先用粗泥抹底，再涂细泥磨平，最后刷一层石灰浆，干燥后即可作画。这种方法简单，易做，成本不高，在传统民居建筑装饰中深受欢迎。

②绘画工艺型。绘画工艺型是指通过工艺制作手段来完成最后效果的壁画。由于在制作过程中，采用了一些手工工艺和科学的制作手段，使各种用于制作的壁画材料在质感、肌理、性能上有别于绘画，更为坚固、耐久，艺术表现力更为强烈，达到绘画手段所不能达到的艺术效果。它是壁画在发展过程中与时俱进的结果。也是其艺术魅力的所在。它包括壁雕、镶嵌画、彩色玻璃画、陶瓷壁画等多种样式。

（2）梁枋彩画

梁枋彩画指绘于建筑的梁、枋、桁等处的彩画。中国传统建筑在色彩的搭配上是非常谨慎的。例如，在屋檐下被阴影遮挡部分的彩画，用色大多为碧绿、青蓝一类的冷色，略加金点点缀，以求和谐。因为彩绘具有装饰、标志、保护、象征等多方面的作用，彩画常常会根据建筑的等级、用途以及环境的不同，选用不同的图案，形成固定的表现模式。据此，梁枋彩画可分为：和玺彩画、旋子彩画和苏式彩画三大类。

①和玺彩画

和玺彩画是传统建筑彩画中规格级别最高的彩画。以龙凤为主要题材，配以吉祥花草、五色祥云，绘于宫殿的梁枋之上。它保持了官式旋子彩画三段式基本格局，即用折线划分枋心、箍头、藻头三部分。以青绿为地，纹样全部沥粉贴金，华贵富丽。至清代，其彩绘的线路和细部花纹又有较大的变化，在花纹设置、工艺做法和色彩排列等方面也形成了明确的制作规范，例如"升青降绿""青地灵芝绿地草"等，并逐渐完善成为规则，最后形成极为严谨的彩画形式。和玺彩画根据不同内容，可以分为"金龙和玺""龙凤和玺""龙草和玺"等不同的种类。由于和玺彩画级别非常高，普通民居建筑是不能直接采用的。但其装饰艺术对传统民居建筑装饰影响的深刻性是客观存在的。

②旋子彩画

旋子彩画是中国传统建筑装饰史上起源最早，应用范围最广的彩画品种。它是以圆形轮廓线条构成花纹图案，形似漩涡，画于藻头部位的一种彩画。根据其造型特点，又一称"学子""蜈蚣圈"。其最大的特点是在藻头内使用了旋子，即一种带卷涡纹的花瓣。形式上表现为"一整二破式"，即由一个整圆形和两个半圆形组成完整的图案。

③苏式彩画

苏式彩画源于江南苏杭地区民间传统做法。相传南宋时期，因苏州匠人装饰的迁都临安（今杭州）的南宋王朝宫殿彩画风格独特得名，又称"苏州片"。苏式彩画汲取了江南灵动清秀的艺术风格，构图生动活泼、色彩雅致和谐、形象真实具体、内涵丰富、格调高雅。有着相对固定的格式。在制作方式上，大多采用白色、土黄色、土朱（铁红）等作为底色，色调偏暖而温润，表现技法生动而灵活，题材选取广泛。

苏式彩画所营造的浓郁的生活气息以及清新自然的艺术风格，深受民众的欢迎。由于没有传统等级营造的限制，通过它的装饰，使传统民居建筑与优雅的人居环境、美丽的自然风光交融一体，营造出中国传统民居建筑装饰的美妙意境和宽松的传播氛围。

（3）天花彩画

天花彩画指绘于建筑屋内顶棚部位的彩画。根据顶棚制作的方法不同，天花彩绘可分为海墁天花和井口天花。

①海墁天花

顾名思义就是在天花板上自由地描绘图案进行装饰的方法，不受等级制度的限制，既可以仿造井口天花或藻井的构图样式进行绘制，又可以依据传统的四方连续如流云、水纹等纹样进行绘制，自由洒脱，多为普通民居建筑装饰所采用。

②井口天花

通常依据建筑顶部的结构形状，以四条装饰线组成"井"字形状，彩画多绘制于由四边所组成的方光、圆光、支条等部位，在支条交叉的"十"字处绘圆形的轱辘图案，四边则绘燕尾图案或锦地图案。"井"字中心的图案最为醒目，题材内容依据建筑的等级有着严格的限制。

中国传统建筑对天花板的装饰是非常重视的，除了绘制彩画外，还常在天花板的中心位置做出一个或圆形、或方形、或多角形的凹陷部分，然后进行装饰，这也就是通常所说的藻井，其限用于宫殿和寺庙建筑。藻井在传统建筑中不仅装饰作用，还有着重要的防火功能。

（4）斗拱彩画

斗拱彩画指绘于斗拱和垫拱板两个构件处的彩画。它根据大木彩画基本规则斗拱：墨线斗拱来决定。通常在一攒斗拱中，斗拱彩画由线、地、花三个部分组成。线：线画在斗拱构件的角边线上，颜色有金、金银、蓝、绿、黑五种；地：地画在各线的范围内，常用丹、黄、青、绿等四种颜料，其中青、绿最多；花：花画在地上，色彩分配较为随意，所画题材内容有西蕃草、夔龙、流云、墨线、宝珠、莲花等纹样。

（5）椽头彩画

椽头彩画是绘于椽头、椽子、望板上的彩画，是传统建筑彩画的主要组成部分之一。椽头彩画，图案丰富多彩，做法也多种多样。清代椽头彩画分为老檐椽头（檐椽的端面）彩画与飞檐椽头（飞头的端面）。它们在做法上基本和清代各种大木彩画做法相统一，其设色的主要特征也是以青、绿色为主要色调，一般飞檐椽头的底色设绿色。其中，最常见的飞檐椽头彩画一般有五六种；老檐椽头彩画则多达十余种。在图案纹样选取和色彩处理上，依据大木彩画的等级不同，椽头彩画做法也不同。由此便形成了椽头彩画多种变化的图案和色彩丰富的表现。

2. 雕刻

中国传统民居建筑装饰以木雕、砖雕、石雕等三种雕刻形式著称。作为艺术传播的物质媒介，它们的产生是和人类社会发展的各个时期、不同区域人们的思想意识、行为规范、相互之间的关系及发展规律有关的。

（1）木雕形式

中国传统民居建筑结构体系为木质构架，人们出于对架构工艺的要求和对建筑传播精神文化的需要，就在这些木质构件上进行精美的艺术加工，即产生了传统民居建筑木雕装饰艺术。

传统民居建筑木雕有装饰的作用，因而其所选择的纹饰和图像都是由人或者社会赋予了意义的象征语言，它们以传统建筑为媒介，将所获得的"意义"在建筑所架构的空间内进行传播和交流。因此，木雕作为"装饰物"不同于"结构物"，也不同于"模仿物"或者说它既不同于机能性的（功能）实用美术，又区别于再现性的造型艺术。从而，在与机能性对立中否定了装饰，又与再现性的区别中确认了装饰的价值。也就是说建筑木雕传播的特性和实质不能仅仅看它作为实体的形式结构和表达的具体内容，而应该是在创造物质形态过程中发挥装饰美的形式和表达主体意识的自觉，通过装饰载入和完善建筑的形式和内在意义。因此，其在题材选择、构图布局、形象塑造等建造方式上与传统的姊妹民间艺术和工艺美术互融互通，并形成自身在象征、审美、教化、祈福、谐音、风情及图案的模式化等方面鲜明的中国特点。

传统民居建筑木雕装饰，在不同的地域、不同的文化、不同的风俗习惯的影响下，雕刻的形式和雕刻技法的运用也不尽相同，木雕风格呈现出各自的特点。但总的来说，这些复杂的雕刻技法基本可以分为：线雕、镂空雕、剔地雕、浑雕、贴雕几类。

（2）砖雕形式

砖雕是在特制建筑构件砖上雕刻物象或者花纹的一种装饰。通常有两种雕刻方法：一种是预先在砖的泥坯上进行压模或者雕刻，然后再行烧制，由于是在泥坯上实施装饰的，所以这种砖雕较为纤巧细腻；另一种方法则是直接把已经设计好的图案花纹直接雕刻在烧制好的青砖上。

砖雕是在汉代画像砖和东周空心砖、瓦当的基础上发展而来的，是传统民居建筑雕刻中很重要的一种艺术形式。砖雕的材料、色泽虽然不如木材、石材，但它比较省工、经济，所以在民间能够广为流传。砖雕大多是作为建筑的构件或大门、屋脊、墀头、墙面、影壁等处的装饰出现在民居建筑中，多属室外部分。传统民居建筑中，砖雕装饰应用最多的部位是墀头。墀头位于大门两端山墙与檐口交接部位，作为一个组件，它的功能是支撑前后出檐，通常是从上到下依次为戗檐板——二层盘头——头层盘头——枭砖——炉口——混砖——荷叶墩。大的墀头可高达 2m，小者也有 20cm 左右，整个墀头从上到下，由粗到细，一气呵成，成为大门外观装饰的重点。例如，徽派民居建筑便是如此，砖雕在建筑的门楼、门套、门楣、屋檐等处广泛应用，是徽派建筑艺术风格的重要组成部分。苏州砖雕的门楼也非常典型，砖雕门楼字碑大都为名人所题，那些精美的书法作品和秀美、典雅的苏派砖雕往往相得益彰，从而使苏州砖雕增添了许多浓厚书卷气。

砖雕在传统民居建筑装饰中有着广泛的应用，在我国根据地域的不同有如下七种主要的流派：北京砖雕、天津砖雕、山西砖雕、徽州砖雕、苏派砖雕（苏州砖雕）、广东砖雕、临夏砖雕（河州砖雕）。

（3）石雕形式

在传统民居建筑中，石雕有着广泛的运用。它的使用起初多为仿木架结构，这是由于传统民居建筑多以木结构为主，但木质材料经风吹雨打易于腐烂，因而很多重要的木构建筑多用石质材料替代，像很多的建筑的外檐立柱都使用石柱，在满足建筑功能的前提下进行装饰，后来逐渐形成了它所独有的艺术风格。石雕工艺在民间有着广泛的应用，主要体现在庙宇、祠堂、牌坊、桥、塔、亭、民居住宅、墓等建筑的局部和构件上，如台基、门楣、栏杆、石柱、柱础、望柱、拴马石、抱鼓石等部位。

传统民居建筑石雕的种类非常的繁复，按传统雕件表面造型方式的不同，它们可以分为浮雕、圆雕、沉雕、影雕、镂雕、透雕等；按用途可以分为宫殿、宅第、园林石雕、石阙、牌坊石雕等。无论哪种雕刻，它们在制作工艺上是基本相同的，都要经过石料选择、模型制作、坯料成型、制品成型、局部雕刻、抛光、清洗、制品组装这一流程。常用到的传统手工工艺技法有以下4种。

① "捏"，即打坯样。通常是在石雕创作设计过程之初，对设计方案进行预先的泥质草图设计，或石膏模型的制作。

② "镂"，是根据设计方案，将内部无用的石料挖掉的技法。

③ "剔"，也可称之为"摘"，是按石雕设计的图形，使用工具剔去外部多余的石料。

④ "雕"，是对石雕进行仔细的琢剁，通常出现在雕件成型的最后环节。

二、中国传统民居装饰图形的符号结构

（一）中国传统民居装饰图形的第一层表意结构

中国传统民居装饰图形是传统民居建筑装饰中重要的视觉语言符号，在体现对传统民居建筑装饰功能的同时，它还具有创造性表达人们思想观念和情感的语言传播功能。这种符号化的装饰图形语言常常被作为隐喻或者象征某种意义的替代物，从而使得其信息意义与它的物质表现形式相融合，具有与言语文字相同的交流、传播功能。同言语文字一样，在构成原理上它们非常相似，即在组织结构上有着丰富的修辞和语法关系，通过装饰图形符号的符素、符号和关系的创造性的组合来实现它们的沟通和交流作用。

1. 能指——中国传统民居装饰图形的表层视觉形态

作为传播的符号，中国传统民居装饰图形同其他的传播符号一样，是由形式（能指）与内容（所指）组成。有着可感知的视觉符号形式和可供分析的符号内容。在索绪尔看来，符号形式的能指和符号内容的所指是语言相互依赖的构成成分，是一对相互依存的概念。在由之构成的符号系统中，每个成分的价值是由同时存在的

其他成分决定的。内容是由除它以外与它同时存在的东西决定的。作为系统的一部分，内容不仅被赋予了意义，而且更重要的是被赋予了价值。因此，中国传统民居装饰图形的形式和内容的组合，决定了其符号的实体和意义。

2. 所指——中国传统民居装饰图形的意义约定

中国传统民居装饰图形符号第一层表意结构的另外一个构成部分是所指，即当能指在社会约定中被分配与它所涉及的概念发生关系，并由之引发的联想和意义的部分。在其符号形式的能指和符号内容的所指这一对相互依存的概念中，能指的关键在于，它以传统民居建筑物质材料为依托的"实体性"：所指的关键则是，它所代表的传统民居装饰图形在现实的普通民众生活中存在的某一具体意义，即其"现实性"。例如，在传统民居建筑中经常会使用"冰片纹"来装饰书房的门、窗，在这里，人们能够接触的能指的物质实体是非常清晰的，作为装饰及其建筑功能，这种纹饰是客观存在的物质对象，那么，隐藏在它视觉表象下的意义——人们的心理形象，则要通过"冰片纹"所隐藏在符号背后的"十年寒窗无人问，一举成名天下知"这种传统文化的深层次解读，才能使这种装饰图形符号的意义明确起来。

中国传统民居装饰图形作为视觉观看的对象，本身就有着系统的、有意义的整体结构样式。这里的意义，就是人们对自然或者社会事物的认识，是人们赋予装饰图形的象征含义，也是人们在传统民居建筑这个特殊媒介中，以装饰图形符号的形式传递和交流的精神内容。从视觉符号语言的角度来看，是人在传播活动中符号的交流过程，意义所指必然会同能指的装饰图形符号发生联系。形成由装饰图形表层视觉形式的能指与所指意义的对应。因而可以这样理解，中国传统民居装饰图形符号的所指的使用者依据其所指的意义约定来选择心中的理想化解读。因此，装饰图形符号的外延意义是与所指的社会以及装饰图形的物质存在形式相对应的，而内蕴意义则是装饰图形符号在传播过程中，人们的社会心理感悟以及主观认知的反映。

3. 能指与所指的关系

装饰图形符号的能指和所指之间的关系是有机的、相互联系的存在。具体表现如下。

其一，非同构等值关系。指在装饰图形的能指和所指关系中，表达层的能指和内容层的所指处在一种游离的关系之中，导致能指和所指之间具有某种非同构性。

其二，纵向蕴含关系。装饰图形作为非语言的传播符号系统，视觉符号的多功能和多内容分布往往会打破能指和所指在社会的约定关系中所形成的那种相对稳定的对应关系。尤其是在历史的发展过程中，装饰图形符号的存在方式和传播范围都会影响到内容层面所指的意义。形成多层次递进的纵向蕴含关系。例如，中国传统民居装饰图形往往都是采纳吉祥图案以"观物取象"，通过诸如蝙蝠、鲤鱼、松柏、牡丹、喜鹊、瓶镜等常见之物，将其十分具象且直白的表现出来，显示其意义，传达普通民众世俗的价值观和幸福观。而在较为深刻的层次上，则注重对人们的思想意蕴、信仰意蕴等内蕴意义的展现。

（二）中国传统民居装饰图形的第二层表意结构

中国传统民居装饰图形所构成的视觉元素物质如点、线、面、色彩等，都是被高度抽象化了的视觉语言符号单位。其所构成装饰图形符号的能指和所指分别指向形式和内容，能指表现为装饰图形物质化了的表层视觉符号结构；所指则是指经过编码、组合后装饰图形符号的内容、意义。两者的结合构成意指。按照结构主义符号学理论，所有的意指都包含两个层面：一个是有物质形态的实体能指体现的表达层面，另一个是以编码、组合意义的方式表现思维形态的内容层面。与符号意指不同。

1. 中国传统民居装饰图形符号语言的指向

中国传统民居装饰图形是一个完整的符号系统，每一个图形都不能简单地视为视觉符号的能指之一，在致力于研究装饰图形造型层面的点、线、面、色彩等及它们的编码、组合关系的时候，还要注意由装饰图形艺术形象视觉表层所支持的视觉信息的指向——内容层面和表达层面的关系，这种关系构成了装饰图形符号的意义指向。

一个能指中往往会有多个所指的内容，一个所指也可以有多个能指的实体与之对应，从而使能指与所指两者结合构成的意指语义无穷无尽。但意指的实现并不是简单地将若干个符号的所指意义相加，它实际上是通过语言的解释将对符号的分析、编码、组合转化为概念和思想的心理过程，同时也涉及将概念和思想转化为扩展性语言表达的心理过程。在这个心理过程中，人们使用言语将感知到的视觉符号在大脑中进行加工和有序的划分，形成与视觉符号相关的语言解释，虽然这种解释会因使用者的文化背景、经验、习惯和修养不同而不同，但人们能够借用这种解释获得对视觉符号深层次的认识。例如，"梅花"的图形，"梅"的表象可以为"植物""花""香""红色""白色""傲霜斗雪、铁骨冰心"等。在整个有关梅的表象系统中，每个"意指"的单位都规定着对应的表象，不同的人、不同的位置决定"意指"的心理价值和符号意义的链接，由此构成传播符号产生链接的心理基础。

因此，传统民居装饰图形符号的意指及其意义显现的表达方式，是在感觉的范围之内与感觉的主体与被感觉的对象之间互为基础是关系之中，把意指形式的地位确定为可感知的与可理解的、想象与现实之间的一种关系空间。

2. 中国传统民居装饰图形内蕴意义的解读

由于能指与所指之间任意性的存在，装饰图形符号视觉信息的多义性是客观存在的。因而在解读符号意义的过程中，应当注意一些具有社会性代码并对符号的解读起支配性作用的约定，这些约定是搭建意义解读的关键。同时，所有对装饰符号意义的解读都必须以装饰图形与受众之间的相互作用为前提。无论从哪个层次的分析来看，装饰图形符号意指的直接面总是与其所指的自然与社会的客体事物是相对应的，是明示的，而内蕴意义则需要人们对符号所指做出心理感悟的主观认知，即对隐含义的归纳。

作为内蕴意义的解读，不同的文化背景、不同的地域，对同一图形会产生不同的解读。也就是说装饰图形传播的语义在一定的范围内才能被理解，被接受。例如，菊花，在中国，菊花则被比喻为"花中隐君子"，是吉祥的象征；而现代社会，由于它经常被使用于丧礼等仪式之中，又使它在传统民俗文化的象征中产生了变异。大象，在泰国和印度被看为吉祥的象征，是忠诚、智慧和力量代表；在英国却被视为蠢笨的象征，成为被忌用图案。凡此种种，都说明装饰图形符号意义的解读会因时、空等条件的不同而不同。这些都说明了视觉形式符号化深层的主体心理意象对内蕴意义解读的关键所在。

三、中国传统民居装饰图形符号的审美意指联系

（一）中国传统民居装饰图形的艺术形象链接

中国传统民居装饰图形是由众多相关的艺术形象组成的综合体，在其艺术传播活动中，由艺术形象所呈现出来的与视觉审美接受相链接的模式构成其艺术形象链。它表现为装饰图形符号能指在内涵面和外延面上构成的审美意指关系式，是装饰图形作品在感性表象层面上的链接，也是其艺术形象生成的和发生作用的途径。

众所周知，文艺作品之所以流存于世，在于它有着生动的艺术形象。装饰图形作品也不例外，在其符号结构的视觉表层，那些底层结构的视觉符号不仅仅是一种简单的点、线、面等表象符号，也是构成艺术形象的最基本的艺术符号。无论是装

饰图形的创造主体还是审美接受主体，他们都会运用形象思维的方式，经由这些表象的艺术符号来感知、理解装饰图形作品中的艺术形象，所以，艺术符号便构成了艺术形象链接的基础。

1. 直观感知链接

它是指装饰图形在能指的外延层面上，由视知觉的直接观看而感知所生成的艺术形象链接，也就是说它是装饰图形上层结构所形成的视觉形式与受众之间所发生的联系。它是装饰图形成为可视知觉的直觉对象，因而受众通常是不需要特别的想象，便能够直观地感受到作品中的视觉表象，然后在视知觉中表征和感知艺术形象。也就是说，直观感知链是由装饰图形符号的能指所串联起来的符号链接，起到同时直观地呈现审美表象和在其能指的外延上直接指向装饰图形中的艺术形象的双重作用。例如，在"长命富贵"中，由底层结构所组合而成的众多艺术形象，在能指的外延上都是形象化、图像化了的视觉表象，因而，受众在审美接受的视觉感知活动中，能够从视觉表象的符号链接中直观地获得艺术形象。

2. 隐性感知链

它是指由装饰图形的能指在内涵层面上，即由底层结构的艺术符号语素的审美想象所构成的符号链接。通常，底层结构的语素是不具备成为直观感知的感性形象条件的，也不能显示由它们所建构的某一具体的艺术形象的感觉讯息。然而，这一切并不代表这些点、线、面等符号语素就完全没有意义。事实上，它们作为一种记谱表象，创造主体在运用它们的时候，不同的主体会使它们最后呈现的状态完全不同。例如，传统民居装饰图形作品中同形异构、异构同形的艺术样式都能充分说明这一点。也就是说，主体的经历、审美素养、艺术水平、个性、趣味等的差异，都会影响到作为底层结构的视觉符号语素的应用和艺术效果。这就为艺术形象陌生化的解读提供了存在的可能，事实上，装饰图形作品中这种既熟悉又陌生的存在比比皆是。所以，受众在审美接受中，通过推想感知的审美想象方式，在艺术形象建构过程中，对那些编码、组合和建构艺术形象的符号语言差异的识别和理解，就可以在审美接受中感知艺术形象。

（二）中国传统民居装饰图形的修辞链接

在中国传统民居装饰图形的建构中，修辞是必不可少的。它是一种运用视觉艺术符号来修饰装饰图形中形象之间关系表征意义的技巧。修辞链表现为在装饰图形符号的艺术形象和艺术意蕴之间建构链接模式的，形成装饰图形文本内以及文本之间修饰关系中的审美意指联系。在表达方式上，通常采用明喻、隐喻、换喻等比喻性修辞进行连接，其中，艺术形象成为这种审美意指关系式中的"喻体"，艺术意蕴则成为"喻本"。

就修辞手法而言，明喻最为直接、简单明了。也就是说在形似性原则下，装饰图形符号的"喻体"和"喻本"都能呈现在装饰图形作品组合的审美意指轴线之上，在能指的直指面上建构喻体和喻本之间的审美意指。传统民居装饰图形中，"莲花"和"鱼"这类利用谐音的构造就是典型的代表，借此可以表达人们"年年有余"的美好祈愿。隐喻则是在相似性原则下，"喻体"和"喻本"的关系总是处在一种十分隐秘的关系之中，隐喻通常是提供一种烘托性、暗示性的意味，但又不一定将它们"投射"到对应物上，由于隐喻的主观成分相对较少，一般它都有所谓的"靶场"，但又缺乏较为明确的"靶心"，注意力分散，因而定向性较差。所以，人们往往需要经过装饰图形符号能指在涵指面上的审美想象，才能构建二者相似性的修饰关系。换喻是在相似性原则下，"喻体"和"喻本"处在一种替代关系之中，从而构建两者之间的审美意指关系。在实际应用中，无论什么修辞手法，修辞作为审美意识形态的能指面显现出来，修辞会因其实体的不同，发生不同的变化。所以作为装饰图形的修辞有其特殊性，但又因为其中的修辞格或者说修辞的方式永远只是针对符号要素之间的形式关系，所以它又具有一定的普遍性。

（三）中国传统民居装饰图形意象链接

中国传统民居装饰图形，从视觉表层来看，符号的外延意义来自符号所指的客观事物和社会的对应，而内蕴意义则来自人类社会心理感悟的主观认知的反映。因此，在意蕴层面上建构起来的符号链接模式，在装饰图形文本间的意指关系中建立起两种或两种以上的符号系统链接，即意象链，并指向其寓意性或象征性的审美意蕴。

象征链是中国传统民居装饰图形意象链接中最为典型的审美意蕴链接。它不同于索引式意指原则下的寓意链接，它是在开放式意指原则下，装饰图形作品中艺术形象的能指，通过创造意义的方式，指向装饰图形作品视觉形式以外的一系列相关的符号能指，在符号能指的文本间链接过程形成连串的符号系统。

第三节　中国传统民居装饰图形及其传播的现代实践

一、中国传统民居装饰图形及其传播研究的结论

（一）中国传统民居装饰图形及其传播中的民族形象

作为传播媒介的中国传统民居装饰图形是离不开视觉审美的，只有当它们与传统文化中更深层次的意义发生链接时，才会富有价值。装饰图形作品中那些不断重复的题材内容、形式丰富多样的造型、不断演进变化的艺术样式，凸显出历史的长河中不同时期民族形象的传播。

所谓民族形象，是一个民族在历史发展中所形成的相对稳定的民族观念的外在表现形式。就中华民族而言，民族观念表现为我们拥有共同先祖意识和共同血缘关系的民族群体，在历史发展中经由"共同的经历、共同的生活、共同的文化"所形成的"共同心理状态"。由此可以看出，民族形象是在历史发展过程中逐渐衍生和演化的形象。尽管民族形象的内涵极为复杂，但民族形象的创造和存在必须具备地域环境的依托、社会政治状况、民族文化、民族历史、民族情感、世俗生活等要素，这是人们的共识。中国传统民居装饰图形在一定程度上能够很好地体现出民族形象建构要素的诸多表征，从而在中国历史的发展过程中，对民族形象起到了很好的传播作用。

中国是一个统一的多民族国家。中华文明五千年的历史已将各民族结成具有政治共同、利益共同的整体，任何一个民族都不可能离开国家强大的利益保障；因为国家赋予了民族生存和发展的空间，所以多样性的传统民族能够保持着完整的形态。也就是说，民族形象和国家形象有着天然的、不可分割的联系。所以，从国家形象的精神要素来看，国家形象的精神要素包括民族的文化心理和社会意识两个层面的内容，它是国家形象在国内民众的文化心态及观念形态上的对象化。由此可以发现，这与中国传统民居装饰图形所包含、所传播的传统文化内容是相吻合的。

（二）中国传统民居装饰图形非"机械"复制的传播

中国传统民居装饰图形所建构的装饰艺术风格，是中国传统文化的重要组成部

分。它与其他中国文化保持着相互依存的关系,其文化特质的传播扩散不是简单机械的复制、分裂与组合,它必然与整个文化系统发生联系,以先进的技术为依托,将中国传统民居装饰图形所蕴含的传统文化带到人们的日常生活之中,从而满足人们普遍的审美诉求。为此,中国传统民居装饰图形的复制就有了其存在的合理性。事实上,作为传播的中国传统民居装饰图形,在复制传播的过程中,还出现了很多的创新。它不仅仅是在物质层面上满足人们视觉的愉悦,而且在历史的发展中,影响到中国传统文化大众化消费和文化审美属性、内在意蕴的再拓展。在这个意义上,中国传统民居装饰图形的现代传播是非"机械"复制的。

同样,中国传统民居装饰图形在现代社会的传播,也不可避免地要接受新时代的政治、文化哲学思想、机械化生产方式的影响和制约。当这种现代"复制"秉承了优秀的传统文化基因,以一种开放的理性、积极扬弃的方式、兼容并蓄的胸怀进行时,其传播便成为非"机械"复制的传播,而是创新的传播。如此,才能使得中国传统民居装饰图形在历史发展中与时俱进、而历久弥新。

(三)中国传统民居装饰图形超越于传统民居建筑的传播应用

中国传统民居装饰图形在中国历史上的传播,早已形成了其独特的传统文化景观和艺术样式,其历史的传承和影响力不仅仅表现在作为传统民居建筑的装饰方面,而且扩散到与之相关的更广泛、更深层的艺术设计领域。

中国传统民居装饰图形是在中国传统文化的环境中生成和发展起来的,同其他姐妹传统装饰艺术一样,是我国人民用来装饰自己的生活,并利用装饰语言来表达对美的向往和追求的一种方式。它融合了历代建筑营造设计中许许多多能工巧匠的智慧和才华,将中国传统社会的政治、道德伦理、民俗风情等文化基因,以一种开放的姿态,在不断接受新的观念意识和新的生产技术的基础上,自觉演进而获得新的进步和创新,使中国传统文化的精神和内涵在历史延伸的脉络中得以绵延传播,并熔炼成独具中华民族特色的装饰艺术体系的重要组成部分。

从中国传统民居装饰图形的视觉符号形式、创作及传播过程来看,它创作的目的是满足人们对建筑的装饰及心理需求,是实用和审美的结合体。作为一种传播的媒介,它是人们在创作过程中通过丰富的艺术想象,运用感性和理性的思维方式所建构的视觉艺术形象,叠进实用意识、道德伦理、民俗风情等内容而获得作为传播媒介的传统文化信息。作为装饰图形建构的那些点、线、面、体、色彩、材料肌理等基本符号元素,则以中国传统图案的构成所普遍遵循的形式美法则为准则,以象征的手法来表达人们的审美意识和情感,营造出具有生命活力的传统民居装饰图形艺术作品。因此，无论从哪一方面说，其艺术传播中都蕴含着中华民族创造与审美的最本源的精神。对于领域宽广的中国传统艺术设计来说，这种精神的影响和作用是深刻而有效的。就这个意义来说，中国传统民居装饰图形及其传播无疑是一种超越。

（四）中国传统民居装饰图形及其传播的现代文化自觉

中国传统民居是人们生活和生产的活动场所，其建筑与装饰图形是传统文化最具代表性的综合载体，它将中国传统文化以视觉艺术的形式在历史的长河中传播留存下来。充分体现出我国劳动人民在文化创造上的聪明智慧和卓越成就。

现代民居住宅类型的装饰设计是现代设计艺术的一个重要组成部分，在设计艺术的普遍性和共性上，它反映出以协调人的生产和生活活动为目的文化活动的特点，表现出现代建筑装饰设计和建筑装饰空间中，人对文化需求的自觉。这种文化自觉具体表现为生活在一定文化历史圈子的人对其文化有自知之明，并对其发展历程和未来有充分的认识。换言之，是文化的自我觉醒，自我反省，自我创建。在此意义上讲，中国传统民居装饰图形能够传播留存至今正是这种文化自觉的结果。

纵观中国传统民居装饰图形及其传播的历史，基于传统文化的自觉，其设计思维和建构方式上，都能表现出对自然万物的尊重、认可和人与人之间的包容、协调、沟通及自我调节。传统民居装饰图形作为一种负载信息的文本媒介，为传统文化的自觉起到宣传教化的作用，从而使"以人为本""和谐自然"的传统文化精髓的得以有效地、长久地传播。

二、中国传统民居装饰图形传播的现代途径

（一）加强中国传统民居及其装饰保护力度和规章制度的不断完善

在中国大地上，不同地域的传统民居建筑及其装饰总会和当地的自然、社会和传统文化等因素发生联系，在这些因素的矛盾运动中产生与该地域相适应的传统民居建筑及其装饰风格。中国传统民居的发展是以地域性传统民居的发展为基础的，因而地域性特色鲜明的传统民居建筑就构成了中国传统民居的根系，通过植根于中国大地的这些根系，将传统民居及其装饰图形包含的精神、传统文化等进行继承和发展，赋予中国传统民居建筑及其装饰图形以生气和生命力。

显然，在我国现代建筑设计和装饰中，这些优秀的传统不应该被粗鲁地抛弃，而应该从中国传统民居装饰图形及其传播的千百年的历史中，吸取传播、传承的理

性，通过立法和制定与完善保护规章制度，以开放的心态，融会中西，古为今用，使其科学价值、美学价值、传统文化价值及生态居住的观念等在中华大地上绵延传播。

（二）提高现代建筑装饰设计师的审美修养和设计水平

在我国经济持续稳定发展的当下，人们的物质生活水平不断提高。尤其是建筑业的快速发展，促进了人们消费结构的升级和居住理念的变化，即人们不再满足于住房基本住居功能的要求，而是转向对居住环境和住居空间的审美文化和个性需求的满足。因此，对传统民居及其装饰保护的意义不仅体现在传统文化上，更重要的在于其优秀的传统在当下具体应用的现实意义。中国传统建筑创造应当"中而不古，新而不洋"。这说明中国现代建筑设计及其装饰，在追求设计的现代感、时代感的时候，既不能盲崇洋化，也不能因袭传统，而应该站在中国传统建筑文化的高度，打破传统的束缚，保持传统文化内涵，探索创新的装饰空间以满足人们的需求。这就对现代建筑装饰设计师提出了更高的要求。

其一，应当具有强烈的责任感和中国传统建筑文化的认同感。

这是作为现代优秀建筑装饰设计师的前提条件。在这里，责任感反映为现代建筑装饰设计师对于责任所产生的主观意识。具体反映为在设计工作中对待社会、建筑装饰及客户群体之间的高度责任自觉。对中国传统建筑文化的认同感反映为历史的责任感，这是在现代社会经济发展新形势下，对中国传统民居建筑的优秀文化的继承和发展的强烈使命，这种认同感包括它的尊重、保护、继承、鉴别和发展等，否则会导致中国传统建筑文化逐渐流失。

其二，提高装饰设计的审美修养以传承传统民居建筑及其装饰的文化精神。

现代传统民居装饰已经演变为住宅类型的建筑装饰设计。装饰的目的是为人们的工作、学习、生活和休息创造出优美的生活空间。在这个生活空间里，装饰设计要为人们提供舒适的居住环境。因此，在装饰设计中，建筑装饰反映人们现实生活中普遍的文化价值观和审美诉求，美以及装饰的文化意涵成为建筑装饰最具活力的组成部分，也是创造优美生活空间、生活环境，提高生活品质的动因。因而，只有将建筑装饰设计问题同人们的生活紧密联系起来时，住宅的装饰设计才不至于沦落为奢华的堆砌和所谓地位身份的象征，而是真正"以人为本"的审美和功能统一的生活空间。基于这种目的的要求，提高现代社会装饰设计师的审美修养是势在必行的，也只有这样，才能真正在装饰设计中将那些作为信息承载媒介的诸如点、线、面、色彩、灯光、各种建筑材料等，转换成装饰图形符号等视觉语言，以满足人们的物质和精神要求，营造温馨、优美、和谐的生活空间。

其三，提高建筑装饰设计技能水平以创作优秀的建筑装饰作品。

装饰设计是一门综合性很强的学问。它将传统艺术与现代造型艺术设计融合在一起，影响到人们生活的方方面面，尤其是在建筑装饰设计方面，表现出很高的艺术成就。

当然，建筑装饰作为一门学问，涉及艺术与技术的结合。对于建筑装饰设计师而言，设计水平体现为一种综合能力，即既要有坚实的专业理论知识，又要有丰富的实践经验；既要在设计中保持同使用者良好的沟通，又要注意设计过程中保持和设计团队的精诚合作；从而实现对建筑空间尺度和使用功能的整体把握。这样，设计师才能够凭借高超的设计能力，在继承传统的基础上，融合现代流行的手法，将现代人的生活理念和先进的工艺技术、新颖的装饰材料等要素进行新的整合和演绎，剔除设计过程中纯粹技巧、形式的炫耀，表现符合人民需要的、个性突出的生活艺术空间，同时又赋予这个空间文化的意蕴和内涵。

（三）营造现代民居传统装饰文化的消费氛围和消费理性

中国经济改革的成就为现代住宅及其室内装饰带来了物质基础，然而物质文明的发展往往和精神文明的发展史不同步的。在市场经济社会里，没有需求就没有生产。现代传统民居向住宅类型的转变，为中国传统民居及其装饰文化的传播提供了广阔的空间。或者说传统民居及其装饰的居住模式在新时代的适应过程中，对现代住宅的装饰设计产生了重要影响。显然，作为建筑装饰的设计，只有设计师的设计行为是不够的，它必须满足消费使用者的精神和物质要求，需要广泛的消费使用者的参与。这就必须涉及消费使用者在建筑装饰文化、审美修养等方面的培育问题。那么，中国传统民居装饰图形及其传播可以在社会范围内带来人们对于建筑装饰文化、审美鉴赏能力和水平的提高，营造出良好的现代传统民居装饰文化的消费氛围，进而形成现代住宅及室内设计的范式。

第七章　中国传统民居建筑装饰的
文化传递与美学表现

第一节　中国传统民居建筑与装饰的文化传递

一、中国传统文化在古代建筑文化中的传承

在中国传统文化中，一些长期受到人们尊崇并影响人们生活行动、作为民族延续发展精神动力、成为历史发展的内在思想源泉的观念和固有传统，构成了中国传统文化的基本精神。在整个社会进程中，为大多数人认同接受，具有极其深远的影响力，并成为人们基本的人生信念和自觉的价值追求。因此，研究中国传统文化的基本精神，有利于我们对中国民居建筑营造与装饰的深入理解和解析中国民居建筑与装饰的各种客观呈现。中国传统文化基本精神涵盖以下四个方面。

（一）以人为本的人文主义价值系统

中国传统文化价值系统的确立，各种哲学派别、文化思潮关注的焦点以及整个中国传统文化的政治主题和价值主题，始终围绕着人生价值目标的揭示与人的自我价值实现、实践而展开。人为万物之灵，天地之间人为贵，是中国传统文化的基调。

（二）豁达乐观、自强不息的民族心理

豁达乐观、自强不息的民族心理是中国传统文化得以生生不息的动力源，是中国传统文化精神的一个闪光点。它表现在人们对悲喜炎凉的人生采取乐观豁达的态度，表现出豁达大度的胸襟情怀；表现在以无数仁人志士为代表的对事业前程的坚定信念和对崇高理想的正义追求；同样表现在中国传统文化的兼容并蓄的融合功能及和合特征。

（三）观物取象、整体直觉的思维方式

思维方式是民族智慧和文化精神的重要内容。中国传统文化的思维方式具有两个特点：观物取象的象征性和直觉体悟的直观性。这种整体直观的思维方法表现在——主体对客体的认识在于直觉体悟而不是明晰的逻辑把握。以对象为整体，或诉诸经验，或推崇直觉，或讲究顿悟；而且都把主客体当下的冥合体验推到极致。观物取象的象征性思维是指用具体事物或直观表象表示某种抽象概念、思想感情或意境的思维形式。这在中国居住文化中有着广泛而多样的表现。

（四）人与自然和谐统一的审美理想

"人与自然和谐统一"的思想，充分显示了中国古代思想家对于主客体之间，主观能动性与客观规律性之间的辩证思考，对于解决当今世界由于工业化和无限制地征服自然而带来的环境污染、生态平衡遭受破坏等问题，具有重要的启示，对于我们今天正在进行的城镇化建设、可持续发展的战略更有着防患于未然的重大现实意义。

二、传统民居建筑与装饰的文化传递

（一）哲学观

早在中国哲学形成体系之前，中华先民已经表现出很高的精神智慧，创立了关于宇宙和世界万物的三种思维模式，即阴阳说、五行说、八卦说。由于这些思维模式能直观地将一些平时无法解释的东西用变相的手法表达出来，得到了古代人们的广泛认同，在中国传统文化尤其是民居建筑与装饰的发展过程中影响极为广泛、深远。

1. 中国古代民居建筑在阴阳相辅、阴阳合德的观念方面有着充分体现

阴阳本指物体对于阳光的向背，向日为阳，背日则阴。古代阴阳说抽取阴和阳这两个概念来解释天文现象、四时变化、万物盛衰等自然现象，是出自《周易》的一种朴素的辩证思想、一种古代的对立统一学说，后来也被用来解释社会现象，并渗透到民居建筑与装饰的方方面面。古代辩证中医认为："阴极阳衰，阳极阴衰，阴阳相济，生生不息。"这种阴阳相辅、阴阳合德的辩证哲学观在我国传统民居的建筑与装饰中有着充分的体现。

从所处地域来看，北方民居建筑阳刚之气较重，而南方的则阴柔之气较浓。如江南民居，多依山傍水、白墙青瓦、朴素自然，与曲溪幽林自然融合，亲切、秀丽而又含蓄。

在民居选址方面，一般认为背山面水为佳。山为阴，水为阳，背山面水的场地给住宅提供了阴阳相生的环境。

在场地设计方面，一般认为建筑为实属阳，庭院为虚属阴；室外为阳，室内为阴；石土为阳，林木为阴；水为阳，山为阴；南为阳，北为阴；高为阳，低为阴；受阳光直射空间为阳，阴面空间为阴；地上为阳，地下为阴。阴阳相生，阴阳和谐观念，在中国古建筑中无所不在。

在建筑择向上，古人认为方位有主从，可分阴阳，南北相比，北为尊，历代首都多建在北方，所谓面南称帝。阴阳与尊卑思想，再结合日照的特点，使得建筑坐北朝南成为传统民居的普遍要求。

2. 中国民居布局在五行相生相克的系统观上有着深刻的体现

五行学说认为宇宙万物，都由金木水火土五种基本物质的运行和变化所构成。它强调整体概念，描绘了事物的结构关系和运动形式。五种元素不是静止不动、互不联系的，相反，它们有着严格的相生相克的辩证关系——比邻相生，隔一相克。按顺时针方向，相邻的两个元素之间是相互生发，相互促进的：木生火、火生土、土生金、金生水、水又生木。相隔的两个元素是相互抑制的。土克水、水克火、火克金、金克木。五种元素时刻在相互作用当中，但这种相生相克的关系却是保持不变的。借用外国哲学的一句话讲就是"为自然立法"，即通过相生相克关系的互补与调和，建构一个系统平衡的自然秩序，这是我国古代的一种普通系统论。

阴阳五行系统的整体性思维造就了中国特有的民居布局，中国古代建筑就像中国人的性格一样倾向保守和隐忍，但同时也体现了中国人重整体、顾大局、重家庭的思想。

3. 中国民居建筑在阴阳八卦方位说上有着精彩的演绎

八卦在中国古代哲学中，其象征意义是无穷无尽的。八卦的八种基本图形，代表着天、地、雷、风、水、火、山、泽八种自然现象，在八卦图中，—代表阳，——代表阴，两种符号相叠可演变为八八六十四卦，但其基本原理为阴阳交感，故乾坤两卦为其根本，为自然界和人类社会一切现象的最初根源。《说卦传》说："天地定位，山泽通气，雷风相薄，水火不相射，八卦相错，数往者顺，知来者逆，是故，易逆数也。"就表明八卦中天与地，雷与风，水与火，山与泽是四对矛盾对立体。这四对的阴阳对立，形成了自然界的两大范畴，于是，阴阳刚柔相济，万物生机蓬勃，万千气象。阳代表着积极、进取、刚强等特性和具有这些特性的事物或现象；阴则代表消极、退守、柔弱等特性和具有这些特性的事物或现象。八卦所反映的阴阳论是古代中国人的一种宇宙观和方法论，他们用它来认识和阐释自然现象，并进一步指导人们的社会实践活动，乃至建筑领域。

位于浙江中西部兰溪市境内群山中的诸葛八卦村，据考证，该村是由诸葛亮27世孙诸葛大师于元代中后期开始营建的，至今有600余年的历史，到现在仍保存完好。村中现居住有诸葛亮后裔近4000人，为中国诸葛亮后裔最大聚居地。诸葛村整体结构是诸葛亮第27代裔诸葛大师按九宫八卦设计布局的，整个村落以钟池为核心，八条小巷向外辐射，形成内八卦，更为神奇的是村外八座小山环抱整个村落，构成外八卦；村内以明、清建筑为主，现有保存完整的明清古民居及厅堂有200多处。虽历经数百年，但村落九宫八卦的格局一直未变，其"青砖、灰瓦、马头墙、肥梁、胖柱、小闺房"的建筑风格，成为中国古村落、古民居的典范。

在我国，同样运用八卦布局的村落还有很多，如被著名理学家朱熹赞誉为"呈坎双贤里，江南第一村"的安徽呈坎村的村落建筑布局，还有广东高要的黎槎村，村落呈八卦形态，布局精致，暗藏"洛书"的玄机。

此外，八卦这一元素在传统民居建筑装饰与造园中也有广泛的运用。如人们为了趋吉辟邪，把八卦图作为一种装饰纹样装饰在墙上，用八卦的元素作为地面铺砖的纹样；在园林的营造上，利用八卦的方位特点融入园林的造景布局中，等等。

（二）宗法观

宗法制是周代分封制的基础，是中国传统社会的一套始终维护和持续不断的以血缘关系为纽带、以等级关系为特征的社会政治和文化制度，它根据血缘关系的亲疏远近来决定继承权力。宗法制度对中国社会乃至传统民居的影响是深刻而又广泛的。首先，宗法制导致中国父系单系世系原则的广泛实行，所谓父系单系指的是血缘集团在世系排列上完全排斥女性成员的地位，女性在继承方面没有权力。西周的家庭关系与宗法制度密切联系，突出地表现为"父权统制，男尊女卑"的观念及夫妻不平等。其次，宗法制造成家族制度的长盛不衰，宗法制明显体现宗族森严的性质。传统社会，宗族主要以家族方式体现，家族长盛不衰的依据有祠堂、家谱、族权。祠堂主要供奉祖先的神主排位，对祖先的崇拜，是中国传统文化心理的一个重要特征。

礼制性建筑在传统聚落中地位突出，类型多样。礼可以说是宗法制度的具体体现和核心内容。礼既是规定天人关系、人伦关系、统治秩序的法规，也是约束生活方式、伦理道德、生活行为、思想情操的规范，带有强制化、规范化、普遍化的特点，制约了包括传统民居在内的中国古代建筑活动的方方面面。其中最突出的表现便是传统聚落中礼制性建筑的普遍存在，并往往占据突出而重要的地位。无论是北方的四合院民居，还是闽粤赣的客家民居，作为礼制性空间的"堂"一直是传统民居空间布局的核心和重心。此外，遍布城乡的功名坊、节孝坊等各式牌坊同样成为传统村落往昔礼制活动的见证。浙江东阳的雅溪村牌坊群、安徽歙县的棠樾牌坊群更是壮观之极，令人叹为观止。

中国传统建筑体现着很强的等级观念和等级制度。中国传统社会的宗法制度是以等级关系为主要特征的。汉以后，因为"罢黜百家，独尊儒术"，维护以"君君、臣臣、父父、子子"为中心内容的等级制，便成为维系"家国同构"的宗法伦理社会结构的主要依托，也是礼制、礼教的一种畸形表现。千百年来，建筑被视为标示等级区分、维护等级制度的重要手段。分贵贱、辨尊卑成了中国传统民居被突出强调的社会功能。就像是北京雄伟的故宫与河南徽式建筑的对比表现。同样的居住场所，但其形式规模是无法比对的。

作为宗法制度的一部分，建筑等级制度是中国古代建筑的独特现象。就整个中国古代建筑体系的宏观意义而言，建筑等级制度的影响在于不仅导致了传统建筑类型的形制化，建筑的等级形制较之于功能特色更显突出，而且也促成了传统建筑的高度程式化。严密的等级制度，把建筑布局、规模组成、间架、屋顶规定等级的做法，以致细部装饰都纳入了等级的限定，形成固定的形制。汉族传统民居尤其如此。

（三）环境观

环境观是改变建筑布局与形态的重要因素。从生产力的层面分析，中国传统文化是以农业社会文化为主。其各个层面（物质文化、制度文化和观念文化）的创造发展都离不开农耕的社会生活基础。正是这个原因，使得人与环境、人与自然的关系问题始终是中国古代文化讨论的中心。人类关注环境、适应环境并改造环境，源于人们在自己的实践过程中对于环境价值的认识和深化。环境价值包括物质功利价值和精神审美价值两个方面，前者表现在人们生于环境、长于环境，从外界环境中获取赖以生存的物质生活资料；后者表现在人们寄情于环境、畅神于环境。

中国传统民居的环境观可以概括为"人与自然和谐相处"。一种说法是人与自然和谐相处的落脚点在主体性和道德性上，注重建筑环境的人伦道德之审美文化内涵的表达。其环境理想追求表现为强化和突出建筑与环境的整体和谐，以及建筑平面布局和空间组织结构的群体性、集中性、秩序性和教化性。透过中国传统民居尤其是汉族民居的村落布局和建筑空间组织，我们可深切而强烈地感受到威严崇高的集中性、井然鲜明的秩序性、礼乐相济的教化性。即便是传统民居的装饰装修和细部处理，也多以历史典故、神话传说、民间习俗为题材，常用人们熟知的人物图案，借此达到道德教化的目的。

还有一种说法是，人与自然和谐相处一方面表现为追求一种模拟自然的淡雅质朴之美，另一方面表现为注重对自然的融合，与山水环境契合无间。古往今来，不乏这种环境理想的具体表现。

三、影响中国民居建筑构成的因素

（一）社会因素（包括生产力、社会意识、民族差异和风俗习惯等）

我国是一个统一的多民族国家，以汉族社会为例，它在历史上是一个长期以宗法制度为主来维系发展的，家庭经济则以自给自足的小农生产为基础，并以血缘纽带作为宗族的维系。提倡长幼有序、兄弟和睦、男尊女卑、内外有别等道德观念，并崇尚几代同堂的大家庭共同生活，以此作为家族兴旺的标志。

中国传统制度的核心是等级制度和宗族制。传统制度等级森严，其对各阶层的人的居住地有着严格的划分，并且对于建筑的规模、大小、开间、进深以及屋顶形式，甚至装饰、装修、色彩规定都有严格的规定。例如民宅不得超过三间，色彩规定为黑白素色，而大型宅第就可以多出多进、多院落，甚至多路建筑布局，并且可以带书斋、园林。

（二）经济因素（民居形成的物质基础）

民居的营造需要材料，并要以一定的构造方式建造起来，宅居所用材料的多少、贵贱和结构方式决定着民居建造的规模、质量和等级。富有者可在建筑的大门、屋顶和室内进行华丽的装修，而贫穷者只能以泥墙挡风雨、薄瓦蔽身。

然而，劳动人民的智慧是无限的。他们利用当地的材料，如木、竹、灰、石、黄土，根据当地的自然条件和自己的经济水平，因地制宜，因材制用，自由发挥，按照自己的居住需要和营造规律来进行建造。因此，他们的民居充分反映了功能实际合理、设计灵活、材料构造经济、外貌形式朴实这些建筑中最本质的特征。

广大民居建造者和使用者是同一体的，自己设计、自己营建、自己使用三位一体，因而民居的实践更富有人民性、经济性和现实性，也最能反映本民族的特征和本地区的地方特色。

（三）自然因素（包括气候、地形、地貌、材料等自然物质和环境因素）

民居建造是在一定的地理环境、气候条件下完成的。北方的气候干燥、寒冷，南方的气候闷热、潮湿，导致南北民居建筑的处理方式、手法都不一样。从地理环境来说，民居建在坡地、平地或水畔上，其景观效果都不一样。气候因素对民居建筑的平面布局、建筑造型以及内部空间影响更大，这也是不同地区民居形成不同模式、不同特色的重要原因。

（四）人文因素（包括民情、民俗、生产、生活方式以及文化，审美观念等内容）

人口聚居使人类文明应运而生，而人类文明出现就意味着文化逐渐形成，并且自成系统。此后由于文明的扩张以及技术等条件的发展，人类开始开发水源附近的地形，并依据开发出的地形特征开始形成一系列有特色的居住形式和民居建筑，比如平原地区生活住所稳定，气候宜人，适合开展各种文农工商业活动，因此平原地区建筑无论是在建筑形式或者是细部装饰上均丰富多彩，建筑技术及艺术高超精湛；高原地区气候等条件比较恶劣，人们生活方式较之平原地区相对单调，但是当地人们对丰富多彩的生活体验的渴望丝毫不弱，这表现在高原建筑的靓丽色彩与富有特点的局部装饰上，如藏族的碉楼建筑；草原地区由于自然条件限制，牧民们逐草而居，住房多半是流动式如蒙古包；此外还有多雨地区吊脚楼的发明；干旱地区坎儿井的发明；等等。

村落的整体布局，受文化因素特别是民俗与生活方式的影响也非常大，如分布在广西、贵州一带的侗族村寨，侗寨建房有一规矩，即围绕鼓楼修建，犹如蜘蛛网，形成放射状。鼓楼是侗寨特有的一种民俗建筑物，它是团结的象征，是侗寨的标志，在侗民心目中拥有至高无上的地位。在其附近还配套侗戏楼、风雨楼、鼓楼坪，构成社会、文化活动的中心，俨然侗寨的心脏。每逢大事，寨中人皆聚此商议，或是逢年过节，村民身着盛装，在此吹笙踩堂，对歌唱戏，通宵达旦，热闹非凡。许多侗寨，为适应村民拦路迎宾送客、对歌交朋结友的特殊需要，在村头寨尾修建木质寨门。寨门造型多种多样，或似牌楼、凉亭，或似长廊、花桥，将风光如画的侗族村寨装点得更加美丽。这种别具一格的公共建筑物，虽然不是民居，却是以民居为主要载体的侗寨所不可缺少的。

（五）风水因素

风水观，古称堪舆学，它来源于阴阳五行学说，原是古代阳宅和阴宅在择位定向中考虑气候、地理环境的一门学说。阳宅即民居建筑，例如，在农村，对民宅的选址一般以形成一种比较固定的负阴抱阳模式，即村前要有流水，村后要有高山，房屋坐北朝南，地形前低后高。从现代观念来分析，这种布局原则还是有科学性的。譬如村落面靠流水，这是食水、交通、洗涤的需要；村前高山作屏，可抵御寒风侵袭；地形前低后高，说明坡地上盖房子既要求干燥又要易排水，对居住及人体健康有益。

风水观念中还有一种象征和压邪思想，如江南、皖南，在民宅喜用马头墙。所谓马头墙，就是将山墙头部位做成台阶式盖顶，在盖顶之前缘部位，使墙头上翘成似马头形状，称为马头墙。据当地老人讲，山墙做成马头形状，说明该户家族中曾有人中举。武官用马头状，称马头墙，文官则用印章、方形，称印石墙。实际上，山墙做成马头墙或印石墙，是显示住户家庭中举、有朝官的一种建筑表现的炫耀方式，而老百姓家只能用双坡屋面。

广东潮州民居的山墙墙头部分有做成金、水、木、火、土五行方式的，也是同样的道理。民居建筑通常用两种山墙：一是曲线形，称水墙；另一种是金字形，称金墙。依照五行相生相克学说，水压火是五行相克论说，金生水，水克火，是五行相生又相克的论说，其目的和意图都是为了压火、防火。古代建筑因是木结构营造，最怕火灾，建筑一旦失火，无法可救，但当时科学水平有限，无法采取有效的防火措施，于是采用压邪这种祈望吉祥平安的心理手法，从而可见天地观念对民居建筑的深刻影响。

第二节 中国传统民居美学表现与艺术特征

一、关于建筑美学

美学研究很大程度上将"美"当作一个哲学的虚体对象进行研究，与此不同，建筑与人的生活紧密相关，建筑中的"美"涉及因素众多，有着独特而又丰富的内涵。建筑美的独特之处在于建筑美是综合的，与环境、艺术、心理、技术等因素相关。

建筑美与环境相关，这里的环境包括地理、气候、生态等自然环境，同时也包含历史、文化、民族、地域等社会人文环境。建筑美要与周边环境相协调统一于自然环境，不同时代、民族、地域的建筑往往有着不同的反映；建筑美与艺术相关，建筑设计要满足艺术美的各种基本规律，与其他艺术形式一样，建筑的美与形式美的基本规律息息相关；建筑美与心理相关，建筑由人创造，为人使用，建筑的美必须能对使用者有着不同的心理感受；建筑美与技术相关，建筑不能只停留在设计图纸上，它必须要能被实施建造，因此建筑必须遵从建造的技术条件，同时，技术的重要性也使建筑技术本身成为建筑审美的一大环节。

二、中国传统民居美学体现

中国传统民居是一种具有悠久历史的建筑类型，对人们的生活有着深刻的影响。传统民居历经岁月的变迁，在广阔的土地上繁衍出异彩纷呈的民居类型，传统民居遵循着一种潜在的模式语言，在满足人们物质生活需要的基础上，始终遵循美的规律，处处表现出东方美学的神韵，将美学思想深深传递在民居建筑艺术之中。

（一）朴素的哲学之美

传统民居中蕴含着深沉而委婉的古代哲学思想。"人与自然和谐相处"是中国传统文化的最高境界，浓缩了中国传统文化的全部特征和精神，传统民居中"人与自然和谐相处"的美学思想将古代朴素的唯物论表现得淋漓尽致。"人与自然和谐相处"就在于实现个人与社会和谐统一、个体与群体和谐融洽。中国村落民居在整体上以和谐取胜，村间"阡陌交通"，邻里"鸡犬相闻"，个体具有成熟、巧妙的通用性，有着材料、色彩、质感细部的精妙变化，有着青山碧水、绿树黄花的村落环境，但是这些在居所的主体——人的面前都淡化为潜隐状态了。民居的意义不在于炫耀，而是提供一种恬淡、安逸的空间。传统民居深谙崇尚自然的哲理。人类远离荒野，聚族而居，为了防御自然的风吹日晒，建室筑屋，砌墙围院，又在墙上开窗，引窗外景致，透绿纱听虫声，追忆自然的野趣。人与自然之间的距离产生了美，居所使这种美得以实现。这种内在精神的美不仅表现在热烈的艺术观上，更表现在传统民居的整体环境和居民的生活情境上。民居群落以其在人文环境中可以见到的最自然的真实激发人的美感。

（二）强烈而浓郁的艺术之美

1. 自然之美

传统民居不能与山间、竹林、流水等自然环境因素分开，正所谓"天然去雕饰"，通过层次渐进的变化、空间的灵活组合与分割及借用，因地制宜，与自然环境巧妙融合，结合庭院绿化，创造出优雅的环境。或依山傍水、高低错落；或孑然独处、简约空旷；或小院青青、宁静安详。丰富的空间变化、整体的空间意境总是给人一种强烈而鲜明的艺术感，与自然环境的完美结合散发着浓郁的乡土气息，更给人新鲜、生动之感，充分体现着民居的自然之美。

2. 形式之美

传统民居在表现形式上统一和谐，又富有变化，中国民居以群体取胜。在同一村落中，个体协调统一，但决不千篇一律，呈现出高低起伏、大小虚实的情趣和意境，屋顶的交错跌宕、屋顶与墙面色彩的对比、门窗跳跃般的间隔排列都令人感到音乐般的优美节奏和旋律。透过变化、叠加的个体，组成群体与自然诗意的结合，整个村落呈现出整体统一性，形成任何一种文化都不能超越的有机画面。民居外部造型的设计也表现出与自然协调的意念，它虚实结合，轮廓柔和，曲线丰富，在稳重中呈现出一定的变化。如西双版纳的干栏式竹楼，架空底层的轻盈、灵秀，与庞大、厚重的屋顶构成虚与实的强烈对比，形成富有独特魅力的艺术造型。

3. 装饰装修艺术之美

在我国传统民居中，装饰装修是建筑实体上的附加美，在细部处理以及建筑色彩和建筑符号方面，做到经济、适用。运用简练的手法，取得丰富的艺术效果，于质朴中见高雅，具有很高的艺术欣赏价值。民居的装饰艺术恰当选用我国传统的绘画、色彩、图案以及书法、匾额、楹联等多种艺术形式，将各类艺术灵活运用，使得建筑性格和美感协调统一。在塑形装饰方面，传统民居建筑十分注重上部轮廓线的变化，丰富的天际轮廓线，使得建筑的立体感更加丰富强烈，如皖南民居的马头墙组合，设计师采用抽象手法将其设计成昂首长啸的马头，工匠依屋面的坡度做成不同的马头状，线条简洁流畅，似天马行空，气势非凡，给人以无尽的遐想和空灵的美感。雕刻、彩描等更是民居塑形装饰中不可缺少的重要元素，通过在民居建筑中的应用，使各种装饰品种协调在同一空间中，从而相得益彰，和谐统一。在色彩装饰方面，汉族民居装饰很少大面积使用鲜艳的色彩，而多以材料原色或清淡的色调为主，一般民居不能用琉璃瓦、朱红色和金色装饰，以大面积的素雅青灰色墙面和屋顶为主要色调；江南民居常用粉墙为基调，配以灰黑色的瓦顶，栗壳色的梁柱和栏杆，运用淡褐色或木纹本色的装饰，衬以白墙与灰色的门窗，形成素净明快的色彩；少数民族民居色彩则较为鲜艳，色调也丰富。

（三）地方风情的民族之美

从社会和人文环境来看，传统民居从空间和形式上反映了不同居住者的性格和审美特征。如北方民居简洁、实用且浑朴，不由让人联想到北方人粗犷、坦诚和质朴的性格；南方民居造型变化多样，空间奇巧，色彩淡雅，表现了南方人性格的文静、灵活和细腻。又如红黄蓝白黑的五色装饰在青藏高原的丽日蓝天下具有夺人心魄的艺术魅力，但在江南的迷蒙烟雾、绵绵梅雨中，所有鲜明的色彩都会变得色调暗淡，唯有黑与白方能体现自我的亮丽。不同地域在建筑群体组合、院落布局、平面空间处理、外观造型等方面，都独具风格，充分体现了五彩斑斓的地域建筑艺术。

（四）淳朴的实用之美

民居的空间、结构、部件，大多源于实用，但也不失其丰富的艺术价值。如作为江浙皖一带水乡民居的特色标志的马头墙，实际功用是防火隔离带，墙顶竖着的青瓦则是为修补屋面而设计的。在山光云影、湖光水色掩映下，一簇簇马头墙古朴典雅又变幻多姿。中国传统民居南北方的院落类型截然不同，北方四合院宽敞，充分接受阳光照射，为了充分采光，应对冬季寒冷的北风，南窗较大而北窗较小或不开窗；南方将"院"缩减成"天井"，造成幽闭阴凉的内部环境，以避免大量阳光直射，在天井院落中种花植草或开辟水面，把自然景观引入建筑中。创造的小环境不仅起到了改善环境调节小气候的作用，而且很实用，同时达到了美化环境的作用，呈现出一种绿色的、可持续的生命力，无意识地促进了传统民居美学意义上的提升。

（五）自然的生态艺术之美

从自然环境来看，中国传统民居的设计，反映出了强烈的环境意识。由于我国幅员辽阔，传统民居最大限度地利用当地的地形、地貌，体现了典型的生态建筑艺术。在建筑总体布局方面顺应自然地形，随高就低，错落有致，节约土地，不占良田，注意水土保持，不破坏自然景观，将建筑与大自然和谐融合。如西南山区干栏式民居建筑结合地势低层架空，高低错落，江南水乡民居多与河道密切结合，甘肃一带的窑洞民居则充分依托黄土崖，构成了丰富多彩的建筑类型和各具特色的建筑风格。民居建筑大都是因地制宜，就地取材，基本采用砖、瓦、木、泥等材料建造而成。木材一般选用本地区常见的树种，且经济实用，体现了人与自然的亲和关系。虽然使用的材料极其普通，但每种材料都有一种质朴之美。傣族的竹楼，凭借当地盛产的竹资源，利用竹子正反面色泽质地的不同，编制各种图案花纹做成建筑墙面；窑洞民居建筑，利用黄土所特有的保温隔热性能，冬暖夏凉。

优秀的传统民居，以它亲切的乡土风情、质朴率真的品格、与大自然和谐相宜的精神，必将散发着永恒的魅力。传统民居是建筑艺术的瑰宝，无论是现在还是将来，其所蕴含的美学思想必将更加渗透到建筑艺术中去，为构筑具有中华民族特色的建筑风格作出巨大贡献。

三、中国传统民居的艺术特征

（一）建筑材料

中国传统民居的建筑材料主要以木材、土、石、砖为主。传统的木结构与土、石砖相结合，衍生出独特的中国传统建筑结构形式。建筑整体上从形体到各部分构件，利用构件的组合和各构件的形状及材料本身的质感等进行艺术加工，达到建筑的功能、结构与艺术的统一。

（二）斗拱结构形式的创造

斗拱结构是中国古代人民的智慧结晶，是屋顶与屋身立面的过渡，它是中国古代木结构构造的巧妙形式，也是最有特点的部分。斗拱的产生和发展有着非常悠久的历史。从两千多年前战国时代采桑猎壶上的建筑花纹图案，以及汉代保存下来的墓阙、壁画上，都可以看到早期斗拱的形象。中国古典建筑最富有装饰性的特征往往被皇帝攫为己有，斗拱在唐代发展成熟后便规定民间不得使用。

斗拱使人产生一种神秘莫测的奇妙之感。在美学和结构上它也拥有一种独特的风格。无论从艺术或技术的角度来看，斗拱都足以象征和代表中华古典的建筑精神和气质。

（三）优美的屋面与飞檐

为保护外围的墙面，建筑屋面采用了较大的出檐。由于采光、雨水冲蚀的原因，自汉代逐渐出现了向上反曲的屋顶，形成了"如鸟斯革，如翚斯飞"的优美形象。

（四）建筑单体标准化

中国古代的建筑，无论是宫殿、寺庙还是住宅等，往往都是由若干建筑单体进行组合而成的建筑群。中国传统建筑单体的外观轮廓均由阶基、屋身、屋顶三部分组成。阶基承托着整座房屋；屋身由木制柱作骨架，其间安装门窗隔扇；屋顶和屋面做成柔和雅致的曲线，四周均伸展出屋身以外，上面覆盖着方形、八角形或者圆形的青灰瓦等。而供观赏用的园林建筑，则可以采取套环形、字形或者扇形等平面。

（五）重视建筑组群平面布局

以间为单位进行组合，开间、单体、庭院，其原则是内向含蓄、多层次，力求均衡对称。除特定的建筑物如城楼、钟鼓楼等外，单体建筑很少露出全部轮廓。每一个建筑组群均由一个或者多个庭院组合而成，其组合形式的多样性，以及建筑层次的丰富感，可以恰好地弥补建筑单体定型化的不足。中国传统建筑组群的平面布局一般采取左右对称的原则，中心为庭院，而四周为房屋。组合形式均根据中轴线发展，唯有园林的平面布局，采用自由变化的原则。

（六）灵活安排空间布局

室内间隔采用窗、门、罩、屏等便于安装、拆卸的活动构筑物，能任意划分，随时改变；而室外可以利用栽植树木花卉，叠山辟池，搭建凉棚花架或走廊的方式，来分隔空间，同时增添生活情趣。

（七）色彩装饰手段多样化

传统建筑结构为木构材质的梁柱框架，因此需要在木材表面施加油漆等防腐措施，经过中国历代工匠的不断革新而发展成为中国特有的建筑彩画、油饰。北魏以后出现的五彩缤纷的琉璃屋顶、牌坊、照壁等，使建筑灿烂多彩、金碧辉煌。中国建筑的另一色彩特点，就是巧妙地使用了天然原色，北方因天气寒冷，在建筑上喜欢用浓重的色调，如淡红色的墙身，朱红色的大门，青灰的屋瓦等。南方因气候较温暖，喜欢用白色的墙身与浅褐色的木材本色，使建筑显得幽雅而明快。

第八章 中国传统民居室内装饰与陈设

第一节 传统民居室内的类型与环境

一、厅堂环境

厅堂，是传统住宅中重要的室内空间。约略自周代始，中国古代就形成了前堂后寝的殿堂平面格局和形制。且多以面南居多，以取尊义。厅堂在某种程度上，代表了家庭的社会地位、权重和脸面。作为住宅中礼仪化的空间所在，厅堂在家庭结构中占据着精神和行为的统治和中心地位。

正规礼仪性厅堂空间格局和平面布置严格依照轴线对称布置，规整庄重。突显以宗法伦常为宗旨，阐扬如聆听诲教、借鉴教化和行规立矩等功能。

正规礼仪性厅堂中也有兼具祭祀功能者。自然，具有祭祀功能厅堂的室内布置也是多种多样的，如将祖像祖牌布置在供橱中等。有些厅堂还兼具举行婚丧嫁娶类活动的功能，不过这些大多是临时性的陈设和布置。

明清住宅中起居功能为主的厅堂，主要供家庭内部人员享用，室内空间性格和陈设艺术饶有生活意味和人性化。例如，江南地区住宅中的起居式厅堂大多安排在后进近卧室处。

二、卧室环境

卧室是传统住宅建筑中的核心单元。简陋或朴素的住宅几乎由卧室为主体构成。

从住宅形制和特征方面看，高高的、矮矮的、宽宽的、窄窄的，高度概括了东北地区传统院落式民居的总体样式。通常东北民居平面布置为坐北朝南，平房以三、五开间居多，入门一间为堂屋兼厨房，两侧布置卧室。

北京四合院的卧室一般布置在北屋明间两侧，东西耳房以及内院东西两侧的厢房；大中型四合院在正房后还建有后罩房式楼，以供女子和女仆居住。北屋明间两侧或东西耳房供长辈户主居住，东厢房安排男性晚辈，也有女性眷属起居西厢者。

江南地区如浙中东阳等地大中型住宅"十三间头"平面类型以三合院为单元构成，正厅三间两侧为主人卧室，东西两翼旁列厢房各五间，供晚辈起居休憩（共计十三间房屋）。这种将卧室安排在厅堂两侧的平面布置也包括徽州、福建、云南昆明和丽江等地。

广泛分布于南方尤其是西南省区的干栏式民居，底层架空，卧室全部安排在二楼。傣族竹楼纵向分隔为堂屋与卧室各一间，卧室与堂屋并列同长，宽为一柱排距，向外扩展 100～150 厘米为一通间。堂屋与卧室间的竹编篱笆墙设双门，分别供男女出入。

众多少数民族生活起居的住宅平面和卧室布置也是千家万色。东北地区的满族较早地借鉴了北方汉族四合院形制，同时又坚持和保留了自己民族风俗的居住习惯。"以西为尊、以右为大"与汉族"以东为尊、以左为大"的等级差别恰好相反：堂屋西间为主间为长者所居，也是款客和祭祖的场所。

世代生息繁衍在湟水北岸、大通河南岸区域的土族独院庄廓，面阔三间的正房，中为堂屋，西为经堂佛室，东为长辈休憩的卧室。东西厢房为子女晚辈的居住卧室。

从卧室的空间格局和陈设摆设方面看，南方地区卧室以床榻为中心，辅之以梳妆、衣橱、箱柜、镜架之类；北方地区则以火炕为主，炕上起居和睡眠成为习惯。通常炕上也布置若干家具，比如炕柜、炕桌、炕案等，地坪上设有橱柜、桌椅等。

三、书斋环境

书斋是中国传统文人学士修身养性、求学问道的场所，也是反映士大夫意念和理想寄托的所在，文士生命的禅床。中国古代文房书斋的概念滥觞于唐代，在当时文人士夫的诗文和斋馆号中已见端倪。迨及北宋中叶，在文士集团中如欧阳修、梅尧臣、王安石、苏轼、蔡襄、米芾、黄庭坚、苏辙、陈师道、秦观、王诜和苏易简等的推波助澜和践行中，书斋在住宅体系中获得独立地位并得以确立和巩固，重要性约略仅次于厅堂和卧室。

在明代书肆刻本插图中，明代文士的书斋内部陈设简洁而文雅。明式书斋家具品类多样，大多质优工精。其中桌案类家具有束腰几形画案、凤雕牙头小画案、高罗锅枨小画案、书案、书桌、画案等，以及供憩坐的各类扶手靠背椅和足承，等等。

罗汉床是文士们常设的书斋家具，三面低屏无立柱，置于书斋一隅供文士在学习之余权作休憩、午睡及闲散起坐，榻上还可摆放各式靠几、文玩或书籍供取用赏析。常见的有倚屏式罗汉床、万字围屏式罗汉床、团花三围屏罗汉床、围杆式罗汉床、独板围屏罗汉床、花围杆三屏罗汉床、套方栏罗汉床、万字围中高屏罗汉床等等。

书斋中的各类架、格、柜、几，基本功能是陈设书籍、文玩、古董和其他艺术物品。亮格柜是融柜与格一体的书斋家具，上部为开敞的空格，正侧面装壶门牙子，下面为对开双门，内置搁板和抽屉，多储存卷轴书画、小型器玩等。其他尚有架几式书架、直棍式书玩柜、两屉书格、三层壶门式书格、枣花波纹背壶门式架格、风车棍书玩架格、三层架格、两层式壶门屉格架、直腿四层格架、两层两屉书格、二屉立字层书格、壶门侧三层金龙格架、双套环品字栏三层格架等等。

书斋中的重中之重首在于书籍，在于借助书籍传递户主的文化品质和理想操守。因此，承载书籍的柜架橱几的构造和样式，受到广大文士的普遍关注。

书斋中常见的家具尚有琴桌、都承盘、砚匣、笔格、笔床、笔屏、图书匣、烛台书灯等等，它们也是书斋中必备的物品，文房内的标志。

从书房在房屋中的平面规划布置看，传统南方民居中通常将文房书斋设置于天井或院落一隅，或旁辟一独立小院，曲径通幽，清静宜人。例如，位于江苏吴江市黎里镇的柳亚子故居第四进起居堂楼东侧_楼，为诗人 20 世纪 20 年代的书斋"磨剑室"。室内分为前后两个单元，前面为书斋主体，面窗处布置一书桌，一把藤椅，左首依次为上下玻璃门双开四格书橱，西式轻便沙发椅及茶几，右首布置藤编书架，墙上悬挂书法对联；后面为卧室，为先生工作之余休憩之地。整个书斋室内简朴淡雅，与隔壁轩敞宏丽的厅堂形成对比；广东省佛山市梁园内的"日盛书屋"，位于"群星草堂"的建筑群中而卓然独立，掩映在水塘和植株中。建筑小巧精致，室内窗明几净。窗洞形式有八角形、圆形等，窗格样式同中存异，以红、黄等彩色玻璃镶嵌，增润了灵动的意趣；室内的桌、案、椅、几、橱等家具布置妥帖，梁、架、檩、柱、罩门等构件装饰装修处理富有变化，精致而不失整体气息，色彩上浓艳与沉穆构成对比，映射着浓郁的岭南文房书斋室内装修与陈设艺术的风韵和特色。

北京及北方院落式住宅中一般将之设于北房旁，坐北朝南，抑或套间或跨院里另建两三间，书案的一端常临墙窗，墙窗敞开，檐际悬挂竹帘。北房明间两侧以及较为低矮的耳房，进深较北房浅，台基低，亦有侧门供出入。由耳房、厢房山墙和院墙所组成的空隙地，常构筑成书斋前的景观。书斋虽小，但环境幽谧，且具有较好的视觉效果。

四、厨房环境

长期以来，厨房在民居建筑中的地位十分微妙：作为制作食物的载体，厨房是实现民以食为天的中介，其重要性不言而喻。

在平面布置上，厨房大多处于轴线外的偏隅之处，与正统居处如厅堂等处间隔较远。苏州地区的厨房与仆佣附属用房皆在后院或边路一隅，出入传送等通过僻弄至厅房；在晋中地区深宅重院的正偏结构中，厨房与佣仆、客房等设在偏院。唯见东北地区传统民居，将厨房设在室内出入的明间——外屋地。究其缘由，盖在于寒冷的气候和生活习惯：东北地区室内生活以炕为中心，在"一明二暗"的正房中，两侧的卧室自然是重点，居中的明间空间狭窄，兼作灶房，大多状况下更多地起着交通枢纽的功能。

与东北地区民居将厨房设在外屋地近似的是，吉林省长白山下的朝鲜族民居的厨房也布置在主间，不过空间和面积却颇为宽敞。在龙井、珲春等地的朝鲜族住宅中，灶炕约略占据主间的三分之一面积，设若干朝鲜式铁锅，灶炕与墙之间有活动木板，掀开木板可烧火，并与炕、灶面持平，主间两侧分别为卧室（火炕），这也是"进门即上炕"满铺炕的主要特征，适应朝鲜族民众蹲、坐式的生活及起居习俗。

总体上看，尽管民间普遍重视厨房的功能，但是在经营和构筑中，缺乏相应的理论指导和精心的实践。因此，就现存实例而言，绝大多数的厨房处于布置简易、设施简陋、空间逼仄和光线幽暗的状态。例如陕北、豫西等地的靠崖式窑洞中，灶头都处于入口旁，设施十分简陋；在福建土楼中，厨房则与仓库、牲畜饲养等一起布置在底层；在西南地区的彝、拉祜、藏、羌、土家、苗族以及粤北瑶族等少数民族聚居地，厨房（灶头）虽然设在堂屋的中心，但也仅仅是在火塘上支起（或从梁上垂下）铁架供烧、烤、煮、煎之用，长期的烟熏火烤使室内空气污染严重，室内围护体趋于灰暗。

位处四川省凉山彝族自治州的民居内，厨房的功能被浓缩简约为锅庄。锅庄在室内的位置按彝族的习俗是有一定规矩的。一般位于中厅内偏离大门入口一侧，彝人素喜围坐锅庄聊天取暖，同时在上面烧饭做菜。彝族锅庄简陋考究皆具。简陋者仅取三块相近的石头呈三角形构成，考究者选用上等石料，请石匠根据造型打制雕琢而成，其形状以绵羊角为母题，酷似绵羊角，在"绵羊角"上刻镂各类纹饰，居中安置架构铁锅以备烧煮之用。

第二节　家具、灯烛与室内陈设

一、家具及其布置

通过多种途径和方式保留传承下来的明代家具，品类丰富。以制作材料分，有柳、竹、藤、硬木、柴木、大漆家具等；以使用功能分，则有椅凳、几案、橱柜、床榻、台架和屏座六类。

椅凳类是家具中与人关系最密切的类别，也是家具中制作难度最大、较能体现家具设计和技术水准的类别。主要由凳、墩、椅、宝座四类组成。

几案类主要功能是板面承放器物。通常有几、桌、案等三个系列。

橱柜以贮藏物品为主。明代橱柜可细分为圆角柜、箱格、方角柜、闷户橱等。

明代的卧具主要由床与榻两大类组成。其中床类分儿童床、架子床、拔步床三个系列；榻类则有平榻、杨妃榻、弥勒榻之别。

台架类为明代轻便类家具，主要由面盆架、镜架、衣架和灯架等组成。

明代屏座家具分为座屏和折屏两大类。

明代家具的成就是多方面的。其中合理的功能、简练优美的造型是明代家具的重要特征。

明代黄花梨透雕靠背圈椅，椅圈圆中寓扁，椅曲由搭脑向前方两侧延伸，顺势而下与扶手连接融合成一条多圆心的优美曲线，巧构成一婉转流畅的圆圈。大曲率的椅圈轮廓，成为圈椅造型的主题，其他构件都与之相呼应。

传统工匠在吸取古代木构架建筑特点的基础上，处理椅凳、几案、橱柜、台架等类家具中大多施以收分。比如明代家具腿部收分通常依腿部长短而定，从下到上逐渐收细，向内略倾；四腿下端比上端略粗，并向外挓，使家具获得稳定、挺拔的功效和感觉。

在注重大的体积、造型和关系的同时，明代家具的细微部分亦往往十分精致。通常，凡是与人体接触频繁的部位，如杆件、构件、线脚、座面等，皆处理得圆润而悦目。例如椅类家具中椅座的优劣，直接影响到使用椅子的舒适程度。明椅座面多采用上藤下棕的双层屉做法，使座面具有一定的弹性，人坐其上略微下沉，使重量集中在坐骨骨节，压力分布良好，即使想坐时间较长亦不易感觉疲乏。

严谨的结构、合理的榫卯、精良的做工和丰富的装饰手法是明代家具获得盛誉的主要原因。

明代家具中的束腰结构是在座面与脚部之间向内收缩，腿脚方材为主。明代家具历经数百年的使用，流传至今仍很坚固，除了优良的材质以外，榫卯的科学合理性可谓功大焉。其制作经验来自宋代小木工艺。木作匠师能将复杂而巧妙的榫卯熟练自如地制造而成。构件之间不用金属钉子。以走马销为例，系另用木块做成榫头栽到构件上去，一般安装在可装可卸的两构件之间。其做法是榫销下大上小，榫眼开口半边大半边小。榫销从榫眼开口大的也仅为辅助手段，一般依榫卯就可以做到上下左右、粗细斜直的合理连结。制作工艺之精确、扣合之严密，实可谓间不容发。

明代家具装饰适宜，手法多样。首先，明代家具的结构与装饰通常表现为一致性而非纯粹的附加物。例如横竖木支架交角处，即运用多种牙头牙条，不仅起到了装饰美化的作用，而且在结构上也支撑了一定的重量以俾增加牢度。其次，以较小的面积饰以精细雕镂，装饰在合适的部位，与大面积、大块面和大曲率的整体构成对比，简而不繁，素中寓华。最后，巧妙运用以铜为主的金属饰件，如箱子的抢角和桌案的脚，橱、柜、箱、闷户橱的面页、合页、提手和环扣等，其形有圆形、长方形、如意形、海棠形、环形、桃形、葫芦形、蝙蝠形等，既增强了金属饰件的艺术感染力，发挥了良好的装饰意趣，又起到了保护家具、强化家具功能的作用。

根据清代家具的造型风格，一般将之划分为清初、乾隆、嘉道和晚清四个段落。清初顺、康、雍的家具，工艺制作、造型风格基本传承明代样式，工匠为明天启、崇祯时期者及传其钵者，故家具史学者将其归入明式家具的范畴。精作新颖、质美工巧、富丽堂皇者为乾隆制品，为清代家具的代表。

清代家具在形制、材料、工艺和技术等方面，都具有不同于明代的风格和魅力。概而言之，清代家具变肃穆为流畅，化简素为雍贵，从适用转向厚重，衍清新典雅转繁缛富丽。在尺度体量上，清代家具趋于宽、高、大、厚，与此相应，其局部尺寸、部件用料也随之加大加宽。如清三屏背式太师椅，浑厚的三屏背、粗硕流畅的腿脚、扶手等浑然一体，协调一致，构成稳定、大气、宽厚和繁冗的气势。

清代家具富丽繁缛，气派非凡。如嵌云石屏背官帽椅，椅背整体为一方框，内中套方框，嵌山水纹样云石；扶手前低后高，扶手下连结等分四根联帮棍，椅盘攒框，椅腿脚直落到底，罗锅枨加矮老和椅盘下横枨相接。整个椅子除椅背为方形，其余扶手枨、鹅脖、联帮棍、罗锅枨矮老及椅腿和踏脚枨皆为圆形。造型方圆结合，舒展而柔婉，富丽且流畅。

就家具品种、类型而言，清代家具之丰无可比拟。凳子除方、圆凳外，还有桃式凳、梅花凳、海棠式凳等新品；椅类仅太师椅就有三屏风式靠背太师椅、拐子背式太师椅、花饰扶手靠背太师椅、透雕喜字扶手太师椅、五屏风式书卷头彩绘瓷面扶手椅、独屏雕刻扶手太师椅等等。这些新品是在承继明代家具传统的基础上锐意创新的成果，部分家具无论在功能、工艺和造型上，还是在装饰方面都达到了历史上最好的水平。

家具发展至清乾隆时期，民间和宫廷家具工艺体系逐渐明朗和完备。又因疆域辽阔，习俗各异，民间家具又有不同地域之别。总体上看，大致可分成苏式、扬式、宁式、晋式、徽式、京式、广式和冀式等流派。尤以苏式、京式和广式为翘楚。

苏式家具，泛指以苏南为中心的长江中下游周边生产的家具，包括苏州、常州、松江、常熟、杭州等地区。其式有三，第一类多从明式；第二类大体保留明式主要特征，予以部分清式的改良处理；第三类为庞大、厚重、富丽、华美之乾隆时期特征。苏式家具髹漆技艺精湛，主要运用生漆，将雕琢图案花饰的地子打磨平整，上漆打磨多至一二十道工序，前后可达数月。所用镶嵌材料多为玉石、象牙、牛骨、螺钿、彩石等；装饰题材以历史人物故事、山水花鸟、神话传说、梅兰竹菊、缠枝莲花、葡萄图案为常见，有吉庆万寿之意。

京式家具造型庄重，体量宽大，材质首重紫檀，次为红木、花梨。家具不尚髹漆而取传统的磨光和烫蜡工艺，结构用鳔，镂空用弓。装饰题材主要是夔龙、夔凤、拐子纹、蟠纹、夔纹、兽面纹、雷纹、蝉纹、勾卷纹等，也采用景泰蓝和大理石镶嵌工艺，借以增加艺术感染力。

清代家具以广式家具为代表。它在传统家具的基础上，大量吸收外来的家具制作技艺，运用多种装饰材料组合并蓄，融多种工艺表现手法于一体，形成了具有鲜明地域特色和强烈时代气息的广式家具风格。

广州地区硬木来源充沛，所以在用材上讲求木质的一致性且追求高品质。为充分显示硬木的天然肌理和色泽美，制作时不髹漆里，上面漆不上灰粉，经打磨后径直揩漆，木质肌理得以完整裸显。

晚清近代家具伴随社会的变革，也发生了不同程度的演变。一方面西式家具大量涌入，这些舶来物广泛运用曲线直线，突出强调凸显层次起伏；橱柜制作大量吸收旋木半柱和带有对称曲线雕饰；床榻主体、屏架开始应用浮雕镂刻涡卷纹与平齿凹槽的床柱；采用拱圆线脚装饰立面，螺纹、蛋形纹作桌面端部装饰点缀，等等，另一方面，广大木工匠师也在家具形态上保持传统形制，在局部运用中西混合的雕饰手法，在题材内容、装饰工艺上仍然保留着传统的瑞庆纹样、装饰特性，充分考虑了使用者的心理习惯和使用习惯。

二、灯烛及其室内陈设

自用火技术掌握以后，为灯、烛的发明、运用创造了必要的条件。综合文献和考古成果，可知中国古代照明范围中，烛先于灯。从各地发掘整理的灯烛实物看，先秦、秦、汉等时期的灯烛以青铜宫灯为代表。三国两晋南北朝始，灯烛材料趋于多元化，陶、瓷、铜、锡、银、铁、木、玉、石、玻璃等竞放异彩；形式上以油灯和烛台为主，同时，蜡烛得到推广运用。隋唐宋元灯烛使用者迅速扩大。

明清时期灯烛以陶瓷为主体。比较常见的是读书写字用的瓷器书灯。通常将灯盏制成小壶形。壶直口，带圆顶盖，腹扁圆，短柱，前带管状平嘴，后有弓形执手；灯芯从壶嘴插入壶中，形态精巧雅致，装饰优美，具有实用、美观、省油、清洁的特点。

明清时期陶瓷灯具造型多样，形式丰繁，但基本构架大致仿佛，主要由圆底灯碗、灯柱及灯台构成。在蜡烛工艺改良和提高的基础上，明清的烛台架有了根本性的改观，出现了与室内环境及家具布置浑然一体的灯烛样式，可称之为明清落地灯。

斯时的立灯，又谓灯台、戳灯、蜡台，民间称为"灯杆"，南方部分地区亦称"满堂红"。一般有固定式和升降式两种类型为主要类型和结构。固定式灯烛结构是十字型（也有三角状）的座墩，也有带圆托泥的底座。中立灯柄灯笼，以三、四块站牙挟抵。灯柄不能升降，灯柄上端一为直端式，柄端置烛盘，下饰花牙装饰，烛盘心有烛针，以固蜡烛，外覆以羊、牛角灯罩围护之；灯柄上端亦有曲端式，上端弯曲下垂，灯罩则悬垂其下。

升降式灯烛，顾名思义，即灯柄能升降。主体结构形体竖立，灯柄下端有横杆呈丁字形，横杆两端出榫，可在灯架主体立框内侧长槽内上下滑移。灯柄从主体上横框中心的圆洞中凿穿，孔旁设一下小上大的木楔，一俟灯柄提到所需高度时，按下木楔，通过阻力，灯柄即固定在所需高度和部位。

除了置立于地上的立灯外，还有放置在桌案几架上的座灯、悬挂于厅堂楼榭顶棚横梁下的宫灯，安放在墙面壁龛中的壁灯，以及手持的把灯、行路的提灯，包括各类民间灯彩。

置于桌案几架上的座灯，造型有亭子式、六角台座式等，灯台以硬木或其他木材略事雕饰而成。传统灯烛在建筑装修和环境氛围方面效果明显者，当首推宫灯。晚清，宫灯样式流传市肆坊巷、集镇村落。一般略具规模的第宅民居厅堂等处的屋顶横梁中，均有铁制构件固定，以裨吊挂宫灯。宫灯悬挂厅堂顶棚上，照明效果上相对全面和完整些。

所谓壁灯，是指安放在墙面壁龛中的照明什物，既可以是瓷灯，也可能是油灯。中国古代灯烛燃料，主要由动物油脂和植物油构成。唐以后，逐渐盛行用软纤维灯芯搭附在盏沿边燃烧；至于蜡烛，宋元前以蜂蜡、白蜡为主要原料，明清时，南方率先使用植物油制作蜡烛。

民间灯彩，既是一种照明器具，又是中华传统节日的应时之物。每逢节日或婚寿喜庆之际，均张灯结彩，以示庆贺。一方面增润、装饰、美化了建筑及其环境，渲染了祥和、欢愉的氛围，另一方面亦使重要的节令风俗、人生礼仪得以彰显而熠熠生辉，具有独特的使用功能和审美价值。

民间灯彩是融剪纸、绘画、书法、纸扎、裱糊、雕刻、镶嵌等艺术手法于一体的民间手工制品。最初由宫廷灯彩发展而来。至两宋臻于高潮，成为社会性的文娱庆典活动和民俗风情的内容，具有广泛的群众基础。

从民间灯彩的造型形态、主要用材、装饰特质以及使用特点等方面看，大致可归纳为走马灯、篾丝灯、鱿灯、珠子灯、万眼罗、羊皮灯、料丝灯、墨纱灯和夹纱等。走马灯，又称影灯、马骑灯、转灯、燃气灯等。

其他各地具有特色的灯彩有：南京荷花灯、兔子灯，系用色纸糊制，轻巧艳丽；扬州羊角灯，温润而透明，造型意趣盎然；安徽玻璃灯，以玻璃管代替竹木以作骨架，点亮后通体透亮；福建白玉灯，为纯白玉雕成，光耀夺目；北京蛋壳灯，在蛋壳粘贴的基础上，再施浮雕上彩，富丽辉煌，等等，式样繁多，造型各异。

第三节　高雅艺术与室内陈设

一、琴棋书画、书画装裱与室内陈设

中国古乐器之一的琴，自古以来素为文人士夫阶层所喜爱。就琴本身而言，中国古琴构造简单，音律平和舒缓，因此，所表现的琴声要义精蕴实在于意而次在于技。弹奏抚琴，技法愈简单，意境愈深远闳阔，表达了文士适于审美极境的心理。

古人置琴不弹，抚而和之，是一种自我排遣和沉醉，凸显了一种风范，一种境界。这种高蹈、超脱的心态，是智慧的显现折射，一种精神自由、生活自然并映射着"独与天地精神往来"的崇高与散淡。因此，琴也就成为室内上佳的陈设艺术品了。

民间素有"尧造围棋"一说，相传已有四千多年的历史。与琴相比，作为古老娱乐器具的围棋，更具国民性。围棋以黑白圆形为子，纵横方格为盘，取天地之势。有人认为围棋从外在形式到格局，与先天八卦的"河图"及后天八卦的"洛书"有相似之处。不过，国人多将弈棋作为一种闲情逸致，以求身心的欢娱消遣。苏轼嗜棋，仅是因为对枰时"优哉游哉"。明代唐寅也大体如此："昨前富贵一枰棋，身后功名半张纸。"折射出文人士子放达洒脱的心态和处世观：人生如棋，宠辱穷达，进退不羁；旦夕祸福，变化无常，不必过于计较棋局的胜负。

就像士子抚琴一样，弈棋与人生际遇也具有密切的心灵联系。棋盘虽小，但却是一方浓缩的天地，在有限的空间中，蕴含着数理变化的无穷，容纳了人性的无奈和追求。所谓"棋者，以正合其势，以权制其敌，故计定于内，势成于外"。不但可以展露人的智力、知识和才华，使"临局变化，远近纵横"的对弈，演绎成人生命运的缩影和慰藉励——棋局的境界趋于哲学化，复成为文士之理性、人格的感情凸显，借以保持独立自主的心智。

通常弈棋并无固定场所。不过一般不会安排在厅堂等正统居处及环境中，而多见于诸如书斋文房、亭台楼阁等休闲空间中，弈棋活动与室内环境的特质和氛围也趋于近似，着眼于轻松、闲适、散淡和自然意趣的营构和渲染。

数千年的书艺发展进程中，古人对书法从执笔、用笔到笔画的造型，积累了丰富的经验，形成了一整套约定俗成的法则。如用笔有中锋、侧锋、藏锋、出锋、圆笔、方笔等等，一般以中锋为主，侧锋太多则显乏力；为保证以中锋为主，也形成了最佳执笔方法，如"拨镫法"，就包括擫、压、钩、揭、抵、拒、导、送等运指法，将汉字笔画归纳为"永字八法"，有侧、勒、努、趯、策、掠、啄、磔八种笔画。

好字要有优秀的结字。结字以平正为主，但过于平正就显得呆板，应险中求变。唐代欧阳询在《三十六法》中按各类字型规定了合理的处置原则。例如避就（避密就疏）、相让（一字多部分，要相互谦让）、朝揖（偏旁字主偏要呼应）等。

古人曾用最精练扼要的语言对篆、楷、行、草、隶五大类书的风格之美进行了概括。例如"圆劲婉通""屈伸自如（篆）"；"方直峻发""势险节短（隶）"；"端稳庄重""居静治动（楷）"；"流畅飞逸""连绵婉转（行草）"等。可见，不同的书体有不同的表现特点和风格之美。

在书法漫长的历史演进过程中，形成了碑学和帖学两大系统，通常摹刻上石者称之为碑，简牍文字称之为帖，并逐渐形成完善了一整套书写的规则。无论何种书体，无论何种风格，书法最终要具有"神采""韵致""气韵"。

作为一种文化现象和形式，源远流长的中国古代绘画艺术契合了传统的文化价值观、审美观、思维方式和艺术方法。从类别上看，既有讲究法度、崇尚形似、精致缜密的院体画、正规画，也有重在抒情写意、脱略形迹的文人画。相对来说，晋唐两宋的绘画注重形似逼真而写实，进而臻于气韵生动，这种高度形神兼备的客观物象的再现，使得画家多以九朽一罢、三矾九染之功，兢兢业业而惨淡经营；明清时期的绘画讲求神似重在"意"字，偏重于抒发内心的感受，以意象的真实替代物象的真实，全面映射在绘画本体的立意构思、题材选择、形象创造、观察方法以及笔墨技巧等表达概括方式上。

中国古代绘画体裁分科在《历代名画记》中有人物、屋宇、山水、鞍马、鬼神和花鸟等之分，后又有"十三科"的提法。从中国绘画艺术发展实际和整体状况而言，还以人物、山水、花鸟为三大主干画科。传统人物画概可分为道释、仕女、肖像、风俗和历史故事画等类。长沙出土的战国《人物龙凤帛画》是目前所见到的最早的具有独立意义的人物绘画，迄今已有两千多年。

从先秦"观魁星圆曲之势，察龟文山川之迹"到隋代展子虔《游春图》的问世，标志着山水画作为人物画背景阶段的结束和山水画独立画科的确立。迨至唐代，青绿和水墨两种不同的表现手法和审美风格并存。前者以不透明的矿物质颜料描绘自然色彩，敷色浓重，覆盖性强并具有装饰意味；常用勾斫笔法，先勾线后设色，笔道塑形。后者偏重水墨的运用。借助墨水、墨色的浓淡变化、层次交融等展现大自然的空间景色、深度和韵外之致。

五代"徐黄异体"构成"黄家富贵、徐家野逸"两大花鸟画派。在宋代文同、苏轼等"墨戏"的影响下，用水墨表现花卉等蔚然成风。元代讲求诗书画印有机组合的审美内涵，丰富了传统绘画的艺术特色。

古代书画装裱，从保存、保护、鉴赏、装饰等方面考虑，以麻纸布帛等料在背面裱褙数层。稍后，四边镶薄型的绫、绢、丝织品为外缘装潢。

传统书画装潢类别大致分为手卷、轴条、画片、册页四类。均据画心之大小、形式，以及裱件用途的实际需要而定夺，各有其素质。

自东周开始，古人自觉地将文字作为一种"纹样"装饰于器物等造物活动之中。文字和图形广泛地运用在人居环境和造物中，是中国室内陈设的一个基本特征。略事归纳，似有以下五类：其一，祭祀器具。古代许多祭祀器具之铭文即因祭祀而作；

其二，纪事字铭，具体体现在各类钟、鼎、碑、坊、楼、琴、基、砚等中；其三，生活器用。如汉代铜镜、宋代广告铜板、刺绣、缂丝、元代银器、明清陶瓷以及"新如弯月、拱如横舟"的折扇等；其四，建筑及室内构件与设施。如秦汉文字和图形瓦当，在既定的圆形之中，将文字或安置于划分的界区内，或作十字状、错落式、辐轮式等多种形式的安排，盘结屈曲，随形变化；分隔经营巧妙，聚散得当。又如古代室内环境中常运用的障子，最初功能为隔断，材质以绢素布帛构成，上面可题诗作画以作装饰；其五，人居环境。书画与人居环境浑然一体成为中国传统居住文化的一大鲜明特色。尤其是书法，既是自然景观的有机组成部分，又是自然风景中的独特"景观"。就室外环境而言，首先是摩崖石刻，窠擘大字凿镌于悬崖峭壁上，远观山，近看字，两者合二为一。其次，题字镌刻于石上，言简、意赅、点题，并施以色彩。最后，碑刻。采名山佳石，磨平打光，书家丹墨，精琢细雕，辅以浮饰和造型，别具风味。此外，也有将房屋整合修建成某一文字或图像者，所谓"制器尚象"是也。例如山西祁县乔家大院屋顶鸟瞰，恰好构成一硕大"喜"字。至于室内，举凡匾额、楹联、彩绘、屏条等，可谓比比皆是，不胜枚举。

自从书画艺术登堂入室，与住宅室内环境结缘联姻，双方各自兼备了双重的意义：书画自身质量固然是本，是前提和基础，但陈设和展示的环境也十分重要；同理，住宅建筑室内环境也是前提和基础，书画艺术的介入无疑提升和增润了环境和空间的艺术文化的格调与氛围。具体讲来，主要体现在以下几方面。首先，书画品式在调整室内空间感方面颇有成效。在简洁而富于理性的室内环境中，陈设悬挂具有曲折、浓淡、粗细和干枯等变化的行、草、隶等书体，则笔走龙蛇之线性之势，则能缓和调节方正规整的空间意象和感受；书画联屏布置，一方面增加了上下的垂直线，使室内空间感觉高直轩敞，另一方面也强化了环境的节奏和韵律感。其次，诗词、楹联、山水、花鸟等书画艺术题材融入人的视觉，引起人的联想，继而产生扩大或超越绝对尺度的实体空间的意绪。

传统民间住宅室内，大多为褐柱粉壁，黑白灰层次弥漫于环境之中。无意中创建了良好的图底关系中"底"的构架。传统绘画，无论山水、花鸟和人物，抑或青绿、浅绛、工笔重彩、写意泼墨，在不同的空间中均具有不同的功效。

总体而言，中国传统民间住宅，无论是敞厅深堂，还是斗室蜗居，均有奥壁晦室之征，书画挂轴，或可增加室内光线之优长。使人居其间平增明朗清静之味。如横披形制运用于室内向阳屏壁处悬置，人入室内，迎首眼帘为之一亮，成为室内光亮部位之一。

书画品式在构筑传统室内空间特征和平面布置方面也具有独特的优长。以中堂画与匾额、楹联、条案、方桌及东瓶西镜等陈设物组成经典样式。从分隔室内空间的幛演变成而成的屏壁中堂，与匾额、楹联等起到视觉中心聚焦的围合向心作用；两侧或正面的书画联屏的齐整对称，强化着空间的秩序感和形式，以艺术的手法点缀和统摄室内视觉领域及其文化氛围和艺术气质，提升了人居环境的人文情怀的关注度。另一方面，书画艺术在适宜的环境中展示、陈设，可彰显其艺术价值与魅力。则无论书画与环境有机组合、浑然一体的"中和"之美，抑或两者相摩相荡、相反相成、反向强化而又彼此渗透的逆向复合之美，则产生"境外之境""象外之象"，以及不相关而相关、不和谐之和谐的艺术高境。

二、书具文玩与室内陈设

顾名思义，书具，指的是传统书写绘画工具的主干——笔墨纸砚，也包括镇纸水盂等书写类辅助用具；文玩，广义上涵括钟鼎彝器、古董器具等具有历史、文化价值的艺术品和工艺品。两者之间并无严格的界限，在一定程度上，笔墨纸砚也可以是文玩。

传统书具由笔、墨、纸、砚四类构成主干。

毛笔有羊、狼、紫和兼毫等品类之分，杆材也有如竹材、瓷管、紫檀木、琉璃管等多种。并有釉彩、雕刻和镶嵌等不同技术的加工工艺。

宋元明清时期的制墨以徽州为中心，量众质高。历代徽墨品类，分漆烟、油烟、松烟、净烟、减胶和加香等。独特的配方和精湛的制作工艺，使徽墨具有"拈来轻、磨来清、嗅来馨、坚如玉、研无声、点如漆、万存真"的特点和美誉。

精品徽墨在形式上也颇为考究。多以金字楷体镌文，或以绘画小品辅之，黑底金饰，华丽精致，金质玉章；包装盒或豆瓣楠木，或什锦缎，匣盒书镌墨名产铺商号，广受众人喜爱。

纸的雏形约在西汉时期即已形成，逐渐成为传统文化创造和传播的第一工具，承载起文化积累和弘扬的神圣使命。

北宋苏易简在《文房四谱》中，详细介绍了唐代"澄心堂""凝霜"等优质纸张的生产过程和制作工艺。历史上名纸笺纸，此起彼伏，争奇斗妍。唐代薛涛笺、宋代谢景初的"谢公笺"，明吴发祥的"萝轩变古笺谱"和胡正言"十竹斋笺谱"等，将实用性与艺术性巧妙地结合起来。清代以冷金笺、泥金笺、洒金笺等负有盛名。此类纸用于尺牍诗稿上，延聘名家绘图，如青铜，或双钩铭文，皆以水印木板印刷而成。

明高濂在《遵生八笺·燕闲清赏集》中，称"砚为文房最要之具"。极端者如米芾，在回复向他索取藏砚的友人书帖中曰：辱教须宝砚，去心者为失心之人，去首者乃项羽也，砚为吾首，谁人教唆，事须根究。米芾虽有调侃夸张之嫌，但爱砚之深，则可见一斑。

中国端、歙、洮、鲁四砚，各有所长，有的"叩之无声，磨墨亦无声"，也有洁净细腻、坚实沉重者。总之，视个人嗜好而有所偏重。如南唐中主李璟精意翰墨，宝重砚石，在歙州设"歙砚务"。后主李煜对歙砚更为推崇，将其与澄心堂纸、李廷硅墨与诸葛氏笔誉为天之书具之冠。黄庭坚、蔡襄等对歙砚也是赞誉有加，欧阳修颂其：远出端溪上、世所罕见。苏轼还为之题咏了《龙尾砚歌》。

优质歙砚有"坚、润、柔、健、细、腻、洁、美"八德，具备嫩而存坚、润而不滑、扣之有声、抚之若肤、磨之如锋、莹而发墨、呵之水出等特点，兼之纹理细密，温润莹洁，无吸水、耗墨和损笔之虞。

除了笔墨纸砚为书具主体外，另有辅助用具什物，共同构成传统书具系列。

镇纸，用来压纸镇书，以免纸张移动或书页翻卷。

水盂，通常分水注和笔洗两类。水注，注水入砚的蓄水书具，又名水滴、砚滴。笔洗形体稍大，供洗笔之用，圆形居多，方形次之。

笔筒乃盛笔之具，常以诗句绘画点缀，遗存实物众多，尤以瓷质和硬木最为丰硕。笔床，为置笔用具，笔架，吊挂毛笔之架。

此外，尚有用以修改文字、防霉杀虫的雌黄，贮存印泥的印盒，临摹书法竖置字帖的帖架，缄封文书的蜡斗，以及臂搁、砚屏、书床等等，洋洋大观，不胜枚举。

传统书具文玩，无论内涵，抑或造型、质地、工艺和色彩等，尽显"贵其精而便，简而裁，巧而自然"的审美旨趣。总体上看，大致具有以下三项特点。

其一精巧。传统书具文玩大或盈尺，小不足寸。远观近瞻，各臻其妙。

其二自然。作为一种标准和审美要求，自然可作纯真、清新和非虚饰造作解。

其三雅致。书具中书床，常以优质木材雕琢处理成翻摊书状。如此，则翻开书籍依附于书床之上（古代书籍线装，纸质柔软单薄），妥帖文雅。可免翻检之劳。

三、瓶花、石玩及盆景与室内陈设

明清时期，传统瓶花艺术的实践行为已经十分普遍，尤其是生活在城市山林中的文人们，与世相远而与自然相亲结缘。在他们的眼中，花卉、植物和山石等，无疑是大自然中和人最为贴切、与人最是相融相乐的内容了。文士们在观照万物的过程中，眼中的花卉、植物及山石等已不仅仅是比兴之物，而成为各种具有鲜明的艺术形象的代表。

古代文士在赏花过程中长期积累而成的审美心理，赋予了各种花卉以不同的感情内容和与之相适应的情境。情境相生，和谐一致，方能取得最佳的审美效果。传统文化和审美心理，自然而然地把这些不同形态和色香的花和人的精神气质、心理情绪以及各种情境联系起来，使自然中的花具有了活的灵魂和感情。自然及花草本无情，人却有情，"以我观物，故物皆著我之色"。人们从瓶花、植物等的比兴意象中引发出内心的情感，表现对理想人格的执著追求和对人生的深刻感悟。

明清文士有关瓶花、插花的理论，归纳起来，他们的审美观点大概是：讲究自然、生机、变化和韵味，应高低有序、疏密得当和错落有致。反对整齐、单调、对称和繁复。同时，也十分注重瓶花与室内环境的相互关系。

明清文士爱花、惜花，视花为天地间的至美之物，是有生命、有灵魂、具性格的对象。他们在千姿百态、绚丽多彩的瓶花世界中寻求心灵的慰藉，寻觅寄托自由精神和理想人格的天地。他们从比兴意象中引申出真挚细腻的情感，凸显出对理想人格的顽强追求、人生和历史的深刻感悟，凝练、映现了他们的个性特征和人生理想。在赏花、布置、陈设、插花过程中体会到了生命的闲适和精神的超越，同时，也呈示出古代文士们高迈的鉴赏目力、独特的审美境界和脱俗的艺术趣味，融会着具有东方神韵的瓶花艺术的创作思路。

中华民族对石的赏玩，在世界上可谓绝无仅有。

人与石结缘于洪荒的石器时代，最初对石的认识源于制器之用。三代秦汉以降，古人对石的认识逐渐开始深化。概括地说，主要体现在三个方面，即"对物性的深化（器物之用）；对物性的理化（品性的认识）；对物性的异化（所反映出来的灵性）"。与此同时，在实践中也开始了对石自身美的运用和拓展。比如以石构山、刻石镌文等等。

盆景素以"缩龙成寸""小中见大"的艺术手法见长，是自然景观的缩影；它源于自然而又高于自然。传统民居厅室或书斋内置一盆景，或冷石翠覆，或远树遥岑，而丽色幽香，无费羁旅之累，跋涉之劳，把玩赏析于净几明窗之间，实是一大快事，深得古人之钟爱。

树桩盆景泛指观赏植物根、干、叶、花、果的神态、色泽和风韵的盆景，多以各种可赏的枯干虬枝木本植物为主，栽于盆盎之中。悉心修栽，精心培育，根据生态特点和艺术要求，经年累月，长期呵护，使其形成独特的艺术造型。其根，或疮奇鳞凋；其干，或回蟠折屈；其枝，或纵横舒展；其叶，或重碧叠翠；其花，或繁英争妍；其果，或圆润莹洁；其姿，或清奇蟠虬；其香，或沁人心脾；其韵，或神骨俱清。概言之，无论是古朴素雅还是浓郁清幽，无论是蟠曲式、斜干式、直干式，还是悬崖式、丛林式、横枝式，都各有特点、品位和风格。

山水盆景，系以山石为材料，经过锯截、雕凿、胶合粘接、腐蚀等艺术和技术处理后，设置于雅致的浅口水盆之中，相应缀以亭榭、舟桥、人物，并配植小树、苔藓，构成奇丽的山水景观。可谓"移天缩地在君怀"。山石材料一类是质地坚硬、不吸水分、难长苔藓的硬石，如湖石、钟乳石、斧劈石等；另一类与之相反，质地疏松，善吸水，长苔藓，如芦管石、砂积石、浮石等。山石盆景体现的是回归自然的思想。

山水盆景的造型有孤峰式、重叠式、疏密式等，各地山石材料的质、纹、形、色不同，所用的艺术手法和技术方法各异，因而其表现的主题和所具的风格各有所长。

第四节　民间艺术与室内陈设

一、民间绘画、剪纸与室内陈设

中国古代民间绘画，源远流长，异常丰富。既有与建筑一体的彩绘艺术，也有装饰布置年景节庆的木板年画；既有点缀美化灶间的灶头画，更有附丽于各类生产生活及陈设器物之上与之相融合的各类绘画及图形。可谓琳琅满目，不胜枚举。总之，无论是民间绘画分布的广泛性，还是住宅室内中实际使用的普遍性，抑或是读者的数量上，都是其他绘画所无法比拟的。

中国传统民间木板年画，是古代农村集镇民众用于装饰、陈设、布置和美化年景节庆于住宅内外的一种艺术门类和样式。民间木板年画，品种繁多，类别丰富，具有独特的表现形式。这种表现形式以烘托、适应、点缀、装饰室内外环境、空间、位置、氛围及时间的特点要求而构成了与众不同的体裁，凸显、强化了年画的功能性和环境的装饰性。民间年画的普及使用，营造和渲染了传统民居室内亲切、祥和、美好和温馨的环境和氛围。

传统民间木板年画产地分布广泛。各地年画既相互影响、渗透和融合，又具有各自的特点；在不同的历史时期，表现的题材和内容也有所侧重。凸显出各地区、不同时期约定俗成的风尚和特点。

在江南等地传统民居的厨房灶头上，即灶山、灶身和烟箱上，都绘有各种内容和题材的图案和纹样，写有不同内容的文字，这种附丽于灶头上的壁饰，一般习称为灶头画。

江南民间灶画由泥匠担纲，昔时有专门从事灶画为主的泥匠和画工。其中绝大多数为自学出身经师傅传授点拨后投艺于此，或家庭传授专攻灶画，也有历经近十代传人者，一年打灶画多者近180余只，可见市场需求的旺盛。

剪纸，顾名思义就是用剪刀铰纸。广义上涵括以刀雕、镂、剪、刻的纸纹样。

从中国传统民居中的位置看，剪纸主要使用在窗牖、室内和器物上。粘贴于窗牖上的剪纸即窗花，主要流行于北方集镇和农村。依其位置，一类敷贴于纸窗、玻璃窗上，以作门户装饰；一类粘贴于窗棂上，以方形为多，中刻细纹图，借以透风通气。布置在室内中的剪纸，主要有炕围花、屋顶花、床头花等。炕围花用于室内炕围边沿。屋顶花粘于室内顶棚，五件一套，四隅镶配边角状，中心圆形。床头花以吉祥祈福内容最为常见，文字、花纹都有。

除了剪纸的内容、题材存在约定俗成之外，一般剪纸与室内环境的特质并无多少实际关系。难能可贵的是也有部分剪纸形式形状是依据房屋构件的特点而"度身定制"的。

剪纸在传统民居中具有装饰和渲染环境及气氛的功效：北方黄土高原靠崖窑洞黑色拱形门窗上，鲜红的剪纸图像、土黄色的窑洞在强烈的光照下对比强烈；年景节庆时节，家家贴剪纸、墙花和挂钱，户户张灯结彩，与对联、年画、灯笼、爆竹声等共同增润着传统节日氛围。在湘西泸溪县踏虎乡，剪纸刻花纹样被赋予和比附成一种神奇力量：年长者居室悬喜幛当延年益寿，门洞上贴喜钱可纳福进财；嫁娶婚喜时刻，则门内门外、床上床下、器具物品上全都布置和粘贴剪纸刻花纹样。

在一定意义上，剪纸不仅仅是诲教民间传统文化的手法，民众情感宣泄表达的渠道和精神慰藉寄托的载体，而且是独具中国特色的陈设艺术中的一种装饰样式和艺术手段。

二、印染织绣与室内陈设

在传统民居室内空间和陈设中，织物所覆盖、占据和使用的面积，仅次于或接近于家具器物的空间和面积。从使用方面看，染织物主要由被褥帐幔、门帘窗纱、桌围炕围、椅披坐靠椅垫、各类艺毯、卷轴挂幛，包括与桶架等构件组合运用而成的纺织品，以及各种呈独立状的装饰类织物艺术，如刺绣品等等。

室内空间与陈设中的染织物，大都以依附性和变异性的形态特性呈示和展现。所谓依附性，系指染织物呈覆盖状，包覆、披挂在室内空间和物体器具上，遂成为空间或物体器具的外观或表层部分，比如桌围、椅披、椅垫、艺毯、门帘窗纱、枕套床单等等。织物的变异性，指的是织物一旦进入室内陈设的范畴，与陈设契合，并作为陈设艺术的一个部分，其形态便随着实际功能而发生差异。如用作窗帘的布纱是立柱式或棚窗式，满铺于床榻则为铺展横卧—实际功能赋予以形态。换言之，同一块布料，铺敷在方桌上，形态为方正状，铺设在圆桌上，便成圆状。其形态伴随所依附物体器具的形状而变异。

织物依附性和变异性的形态特性，显示了它具有较强的适用性，能够适应多种用途、多种形体的变异。因此，织物的形态，较多的是在功能的变化中呈示和完成的。

总起来看，织物在传统民居室内空间和陈设中，其功能和用途主要集中在以下几个方面。

第一，柔化空间。中国传统民居、府邸等建筑室内，其围合体界面咸为硬质材料构成。举凡砖石、木料、竹篱、泥土等等。无疑，织物以其柔和的质地、独到的肌理，以及染织物之间不同的质感差异和对比，与建筑实体、构件、设备、器具的质感肌理对比等，在调整坚硬、粗硕和冷漠的硬性材质构筑的空间中，具有独特的、无可替代的功效。同时，织物又以其自身素质的依附性和变异性，含蓄而自然地完成弱化、柔化硬性空间的进程。

第二，限定空间领域。充分运用帷幔、帘帐、织物屏风、糊纱隔断等分隔空间，使之具备"隔"而不断、空间幽深的景深效果和多重层次。一则强化了空间的层次，二则限定了不同的空间领域，具有较大的灵活性和可控性。可以说，此类处理手法是中国传统室内设计中颇具成效的常用手段。

第三，创造空间。室内地面或炕面上，有无地毯或炕毯，在人的心理感觉上是不同的。也就是说，一块地毯或炕毯铺设在地面或炕面上，因地毯的图案、纹样、质地、大小、形状、色彩乃至编织形态，往往在视觉和心理上自然形成不同的空间领域感——地毯或炕毯上方的空间周围，往往构成活动单元区域，形成心理空间、象征空间或自发空间。

第四，丰富空间。织物的色彩和图案等，是室内陈设整体的一部分，受到空间整体的支配和制约，反过来，织物又具有较大的灵活性和自主性。较大面积的染织物，均会影响室内空间和陈设的总体倾向，甚至改变室内气氛而成为室内视觉停顿和趣味中心。比如艺毯与墙面结合，幛子代替中堂画等等。

三、陶瓷漆器、泥偶彩塑与室内陈设

千百年来，陶瓷漆器以其实用功能满足并改善不同时期人们的物质需求，丰富了人们的物质生活。又以多样的形态和装饰，给予人们精神和审美上的愉悦和美感。

与陶瓷一样，生发于实用，成就于观赏的中国古代漆器，小之如酒杯、漆奁、盒匣、钵盆、碗勺、桶盘、壶樽、箱筒，大者如橱柜、桌案、床榻、屏风、架格、灯台、椅凳、宝座等，无不兼有实用和审美的价值。

陶器的发明创造，是新石器时代和文明起源时代早期的一项世界历史上的重大技术创新，早于环地中海地带的陶器发源地的东亚大陆的中国陶器，与农业起源伴生或前后相继发生，推动了农业人口定居生活的动因。祖先们在挖土成穴、构木为巢的原始粗陋的居处室内，散置着各种方、圆、长、短、高、低的盘、罐、瓮、鬲、钵、釜等，它们各有功能和用途，盛水、饮食、储藏、祭祀等等，随意和无意间的摆放，以其形态、质地、纹饰，展现着人的本质力量和睿智，成为原始和朴素的室内陈设。

距今已有八千多年的制陶术，标志着人类运用火的技术上升到了一个新阶段。大约在新石器时代的后期，工艺开始逐渐合理，陶器制作开始多样化。就中国古代陶器发展及历史而言，先后有彩陶、黑陶、白陶、灰陶、印纹硬陶、釉陶、紫砂陶、刻花陶等品种先后面世。魏晋隋唐以降，陶器逐渐代替金属和漆器而获得更广范围的拓展。尽管唐以后瓷器逐渐取代陶器而为生活器用和陈设鉴赏的主角之一，此时的陶瓷一词基本上也以瓷器为主。但陶器依然凭借本身的特质一路前行，尤以江苏宜兴的紫砂陶和广东佛山石湾镇的陶塑、泥钧制品最具特色和盛名。

源于陶器的瓷器之所以能够由陶而瓷，端赖于制陶工艺的多项革新：如原料的选择和工艺的精致；窑炉的改进和烧制温度的提高；釉的形成和发展。前两项构成了洁白、细密、坚实的胎质，后项成就了实用美妙的外观。从岩石到粉料，淘洗、踩练成凉爽、柔软的瓷泥，经瓷工艺匠灵巧的双手，独特的想象力、辛勤的劳作和丰富的经验，创作出了非凡不朽的美。总之，瓷是中国人率先对原材料的优选和窑炉高温自觉把握的结果。

中国古代瓷器，种类繁多，造型多样。在整体风貌上，既有薄如纸、工剔透的薄胎瓷，也有厚重浑茂、古雅敦实的厚胎瓷；在釉彩上，既有滋润晶莹、清雅高洁

的青釉瓷，也有色彩绚丽、缤纷彩霞般的彩色釉瓷；在装饰技法和手法方面，既有画花、刻花、印花、雕花和堆花的技艺，又有窑彩、窑变类的釉下彩和五彩、粉彩、墨彩之类的釉上彩，以及釉下彩与釉上彩相结合的斗彩。在不同的历史时期，瓷器在某种方面涵泳着历史阶段的审美倾向、艺术品位和风格特征，或者说时代的风尚和意趣也在若明若暗地熏染着瓷器。比如唐瓷中雍容壮阔的美学追求、宋瓷"秀骨清象"、浑然天成的格调、浑朴而雅丽的元瓷品位；明瓷中浑厚如宣德，清雅如成化，逸趣如嘉靖，秀美如万历，以及清瓷中康熙的刚健、雍正的雅致、乾隆的华缛等等。在瓷艺历程的长期创造中，无论是日用瓷器，还是陈设瓷器，都体现出生活与艺术、物质与技术完美融合的一种特定的文化形态。

青花瓷的发明和创造，具有划时代的意义。青花着色力强，发色鲜艳，色泽稳定。又因为是釉下彩，图形纹饰永不褪脱，具有浓郁的中国特色。甫一问世，便以旺盛的生命力迅速发展起来，出现了宣德青花瓷这样优秀的品种。

漆，又名大漆，系从漆树上割取的天然液汁中提取的。用漆作涂料，具有耐潮、耐高温和耐腐蚀等功能。古代漆器工艺和技术多样而专业。从设计到产品成型，一件漆器要经过许多工序。依工种之别，有素工、髹工、画工、上工、铜耳黄涂工、清工、造工等。其中，素工作漆胎灰底；髹工作初步涂漆；画工，顾名思义是在器物上绘画；上工进一步涂漆等。当然，上述的工种之别主要是精美华丽漆器制作的分工，一般民间漆器工种和工序要简单得多，同时，还要视产品的使用对象而定。

以犀皮制法为例，先用稠厚的色漆在胎上涂髹凹凸不平的地子底漆，以手轻捻出纹，复施漆涂抹推捻。如此反复形成多层多色的漆层。干后磨平打光裸露色漆层次。因成本低廉，又适于批量制作，所以民间亦多用之。漆所依附的载体，又称胎骨，如木材、竹藤、皮革、金属、陶瓷、角骨等，甫经涂漆，便称漆器。同时，它们也可以称为木器、竹器、藤器等。

传统民居室内陈设物，除了前面谈到的陶、瓷、漆器等陈设艺术品以外，还有如泥偶彩塑、玉雕、竹刻等小型装饰雕塑及艺术品，增润着住宅室内陈设艺术的风采，丰富了室内陈设微观层面的文化内涵。

泥偶彩塑从内容和形式上可以界分两类：一类是大型泥塑，一类是小型泥偶。前类多以塑像，尤其是神话人物雕塑为主；后类在使用功能上亦有所区别：一种是供孩童戏耍把玩之物，谓之古代玩具也未尝不可，这种玩具类泥偶占据了极大的比例。另一种是几案陈设之用的泥偶彩塑。

远古时期的泥偶与陶器应属同一基因，历史渊源一脉相承。迨至两宋，笔谈札记中有关泥偶彩塑的记载逐渐增多。明清两朝，泥偶彩塑发展臻于高峰阶段。一方面，其技术工艺日渐成熟，泥塑所用材料，系以纸、麻、泥混合互羼而成，如此可保所塑干后不裂，从而有效保证了塑像的时间延续和完好率的提升。另一方面，陈设观赏类泥偶彩塑在技术和艺术上深化扩展和提高，逐渐形成了富有地域特色的作品。

玉的物象表现在坚硬、温润、光洁、清越等的品质和特质上。自春秋战国始，玉的装饰功能和审美功效发挥得淋漓尽致。在历史发展的过程中，玉器的神秘、神圣和人伦的光环渐失。逮至明清，玉器渐次成为文人士大夫、官宦商贾和庶民百姓特殊而实在的商品，以作为"案头摆设""书斋清供"的文玩了。

中国古代先民自擦竹取火的茹毛饮血时期始，便开始了运用竹材创造生活和生产用具的历史。在云南等少数民族集中的西南省区，竹被加工制作成多种多样的生活用具和渔猎工具。就生活用具而言，从竹锅烹食到竹筒佳肴、从背水竹筒和引水竹笕到竹筷、竹饭盒、竹制服饰、竹制酒具、竹制茶具以及竹笿（篮）、竹编等等，满足了人们多方面的实用需求。竹和人们生活的关系也更趋密切。于是，竹的价值也由单一的自然之物，进入物质文化和精神文化领域，古人赋予它以丰富精彩的艺术文化内涵。

在中国传统民居室内环境中，陶瓷漆器以及泥偶彩塑、玉雕竹刻等是十分普及的陈设物品。通常在厅堂屏壁前条案上布置瓷瓶，与西首镜屏构成"东瓶西镜"象征"平静"；在卧室和书房中亦多有陶瓷陈设。除了将陶瓷陈设于几案条桌上，其他大多陈设于橱柜中。

参考文献

［1］黄汉民．福建传统民居类型全集［M］．福州：福建科学技术出版社，2016.06.

［2］李琰君．陕南传统民居考察［M］．西安：陕西师范大学出版社，2016.06.

［3］姚梦圆，周小儒．中国传统民居建筑的艺术精神［M］．北京：北京日报出版社，2016.07.

［4］饶永．古建聚落传统民居物理环境改善关键技术［M］．合肥：合肥工业大学出版社，2016.07.

［5］李照，徐健生．关中传统民居的适应性传承设计［M］．北京：中国建筑工业出版社，2016.11.

［6］李文浩．新疆维吾尔传统民居门窗装饰艺术［M］．北京：中国建筑工业出版社，2016.09.

［7］何守强．防城港传统民居［M］．桂林：漓江出版社，2017.05.

［8］周立军，陈烨．中国传统民居形态研究［M］．哈尔滨：哈尔滨工业大学出版社，2017.10.

［9］祁嘉华．关中传统民居营造技艺研究［M］．西安：三秦出版社，2017.12.

［10］翁源昌．群岛遗韵舟山传统民居［M］．宁波：宁波出版社，2017.12.

［11］黄汉民．福建土楼：中国传统民居的瑰宝［M］．北京：生活·读书·新知三联书店，2017.07.

［12］冯维波．重庆民居·传统聚落［M］．重庆：重庆大学出版社，2017.12.

［13］陈明．中国传统民居建筑文化解读［M］．北京：中国原子能出版社，2017.12.

［14］降波．中国传统民居艺术之陕西关中传统民居建筑与文化研究［M］．北京：团结出版社，2017.11.

［15］刘敦桢．中国住宅概说传统民居［M］．武汉：华中科技大学出版社，2018.09.

［16］张静．襄阳南漳传统民居建筑艺术［M］．成都：电子科技大学出版

社，2018.09.

[17] 唐晓军．家园记忆甘肃传统民居建筑文化与艺术［M］．兰州：敦煌文艺出版社，2018.07.

[18] 韩雷．双重视域下中国传统民居空间认同研究［M］．杭州：浙江大学出版社，2018.04.

[19] 郝大鹏，刘贺玮．传统村落民居营建工艺调查［M］．北京：中国纺织出版社，2018.05.

[20] 李仲信．山东传统民居村落［M］．北京：中国林业出版社，2018.05.

[21] 冷先平．中国传统民居装饰图形及其传播［M］．北京：科学出版社，2018.09.

[22] 卢雪松．文化与生态鄂东传统民居环境研究［M］．武汉：武汉理工大学出版社，2018.06.

[23] 张永玉．浙江传统民居［M］．长春：吉林大学出版社，2019.12.

[24] 夏晋．传统民居研究［M］．长春：吉林出版集团股份有限公司，2019.03.

[25] 金龙．金华传统民居营造技法［M］．北京：新华出版社，2019.07.

[26] 曾明．中国传统民居建筑与装饰研究［M］．北京：中国纺织出版社有限公司，2019.12.

[27] 孙大章．江南传统民居园林装修与装饰（上）［M］．北京：中国建材工业出版社，2020.09.

[28] 孙大章．江南传统民居园林装修与装饰（下）［M］．北京：中国建材工业出版社，2020.09.

[29] 周立军．东北传统村落及民居类型文化地理研究［M］．北京：中国建筑工业出版社，2020.

[30] 薛林平．山西传统民居营造技艺［M］．北京：中国建筑工业出版社，2020.06.

[31] 张泉．中国传统民居纲要［M］．北京：中国建筑工业出版社，2020.01.

[32] 齐丰妍，陈文婧．传统民居建筑装饰艺术［M］．北京：中国纺织出版社，2021.07.

[33] 荆其敏，张丽安．中国传统民居（第3版）［M］．北京：中国电力出版社，2021.11.

[34] 孙海波，张琼．传统民居建筑与装饰研究［M］．哈尔滨：北方文艺出版社，2021.